Helmut Veil

Totenkopf und Schwefelblüte

Helmut Veil

Totenkopf und Schwefelblüte

Die Spur der Schwefelsäure in der Chemie des Handwerks 1500 bis 1800

Bibliografische Information der Deutschen Nationalbibliothek
Die Deutsche Nationalbibliothek verzeichnet diese Publikation in der Deutschen Nationalbibliografie; detaillierte bibliografische Daten sind im Internet über http://dnb.ddb.de abrufbar.

Frankfurt am Main, Germany
www.humanities-online.de
info@humanities-online.de

ISBN 978-3-941743-63-2

Umschlaggestaltung: Uwe Adam
Titelbild: Johann Friedrich Henkel, Pyritologia oder Kieß-Historie 1725

Printed in Germany

Dieses Buch ist auch als E-Book erhältlich:
www.humanities-online.de

Inhalt

Einführung 7

Eine Bergfabrik für Schwefel und Vitriol 14

Vitriol aus Schwefel- und Kupferkies am Rammelsberg 23

Oleum – Vitriolöl – rauchende Schwefelsäure 39

Das Labor des Bergwerks: die Probierstube 48

Wie Ercker Scheidewasser brannte 55

Scheidung von Gold und Silber 64

Hitzebeständige Gläser für Probierstuben und Apothekerlabors . . 70

Atempause zwischen Bergwerk und Handwerk 73

Salpeter – ein dreckiges Geschäft 77

Textilbleiche: Seife, Pottasche, Sauermilch oder Schwefelsäure . . . 88

Der Seifensieder kannte den Unterschied von Soda und Pottasche 98

Schwefelsäure aus Schwefel: Vom Labor im Großen zur Bleikammer 107

Das Leblanc-Verfahren zur Sodaherstellung 110

Zwischen Handwerk und Manufaktur 115

Das Handwerk wächst aus seinen Kleidern 120

Ein wissenschaftlicher Ertrag der Chemie des Handwerks? 123

Ein Nachwort zur Präzision des handwerklichen Jargons 129

Anmerkungen 131

Der Autor 136

Einführung

Wahrscheinlich halten es selbst Interessierte an der Geschichte der Naturwissenschaften für eine ausgefallene Idee, sich ausgerechnet mit Schwefelsäure zu befassen. Die Idee wurde beim Studium frühneuzeitlicher Hüttenwerke geboren und erblickte ihr Licht in einem fahlgelben Schuppen, in dem Schwefelblüten tanzten. Die Hüttenleute hatten sie durch das Rösten von metallhaltigen Kiesen aus ihren Sulfiderzen befreit. Der Schwefel war vor allem für Schießpulver vorgesehen. Und sie gewannen aus Vitriolen, den beim Rösten der Kiese entstandenen Metallsulfaten, Schwefelsäure, die sie für die Produktion von Scheidewasser brauchten, um Gold von Silber zu trennen. Es war die Gier von Bergwerksbetreibern und Potentaten nach Edelmetall, die am Anfang der Karriere der Schwefelsäure stand. Ihre Verwendung darüber hinaus machte sie zu einem wichtigen Reaktionsmittel im weit gespannten Universum der handwerklichen Chemie und zum ersten Objekt einer industriellen Produktion chemischer Substanzen. Deshalb habe ich gerade die Schwefelsäure für eine Studie über die Ursprünge chemischer Produktionsverfahren ausgewählt.

Um die Mitte des 19. Jahrhunderts galten die nationalen Produktionsziffern der Schwefelsäure Volkswirten als einer der Hauptindikatoren für die industrielle Entwicklung und den Reichtum eines Landes. Die Quelle dieser Kraft und die Gründe für den explosionsartigen Anstieg ihres Gebrauchs sind im Netzwerk des Handwerks aufzuspüren. Die Schwefelsäure ist sein Produkt, denn in der Natur kommt Schwefelsäure nur sporadisch in der Nähe von ausströmenden Gasen der Solfatare aktiver Vulkane vor, bildet sich in der Atmosphäre aus Schwefeldioxid mit Sauerstoff und Wasser und fällt als saurer Regen (Abbildung 1).

Apotheker brauchten sie, um Bittersalz gegen Verstopfung herzustellen, das erstmals von Johann Rudolf Glauber (1604–70) aus Kochsalz und Schwefelsäure destilliert worden war. Es handelte sich um geringe Mengen. Etwas größer war der Bedarf der Probierstuben in den Hüttenwerken, die sie zur Herstellung des Scheidewassers benötigten, mit dem sie Gold von Silber trennten, und der Münzstätten, die den Feingehalt der Münzen zu kontrollieren hatten. Obwohl die Mengen eher unbedeutend waren, wurde diese viel geübte Praxis in den Hütten und Münzen bei Herstellung und Gebrauch des Scheidewassers zu einer Art Grundkurs der Chemie von Salzen und Säuren. Die Probierer der Hüttenwerke destillierten die Salpetersäure des Scheidewassers aus Salpeter

Abbildung 1: Das Amphitheater der Schwefelgrube von Pozzuoli bei Neapel mit mehreren Solfataren, die Wasserdampf, Kohlendioxid, elementaren Schwefel und nach faulen Eiern stinkenden Schwefelwasserstoff abgeben. In den feuchten Gasen bildet sich über Schwefeltrioxid auch Schwefelsäure. In der Nähe der Solfatare wurde die tonhaltige Erde aufgeschüttet, auf der sich Schwefel ablagerte und abgeschöpft wurde. Bei dem dunkel mäandernden Fluss, der aus einem Solfatar austritt und von Springbrunnen, den sogenannten *Pisciarelle,* verstärkt wird, handelt es sich um sehr heiße schwefel- und alaunhaltige Quellen. Die Wannen könnten die Überreste der römischen Badeanlage gewesen sein. In den erbärmlichen Hütten wurde Alaun aus dem aluminiumhaltigen Ton der Grube und dem heißen Quellwasser gesotten. Die an heißen Stellen in die Erde vergrabenen Bleikessel brauchten keine Feuerung, denn »die unterirdische Hitze bewirkt das Sieden«, wie der preußische Oberbergrat Johann Jacob Ferber 1773 in *Briefe aus Wälschland* berichtete. Enzyklopädie von Diderot und d'Alembert. Recueil de planches sur les sciences, les arts libéraux et les arts mécaniques avec leurs explication 1762–1772. Vol. 5, Tafel V.

und Schwefelsäure und die Salzsäure im Gold lösenden Königswasser aus Salpetersäure und Kochsalz.

Bei den Handwerkern spielten nicht die Säuren, sondern die Salze die Hauptrolle. Das waren vor allem Salpeter (Kaliumnitrat), die Vitriole (die Sulfate von Eisen, Kupfer und Zink) und Pottasche und Soda (Kalium- bzw. Natriumkarbonat). Pottasche und Soda waren schon in der Antike unentbehrliche Hilfsmittel bei der Produktion von Glas und Seife. Seit dem Mittelalter wurde Pottasche zur Konzentration der Salpeterlauge für Schießpulver gebraucht, und die Hütten verwendeten Soda als Herdmaterial zum Treiben des Silbers. Pottasche und Soda wurden bis weit in das 18. Jahrhundert wegen vergleichbarer Eigenschaften und Verwendungsmöglichkeiten kaum unterschieden, obwohl sie aus verschiedenen Quellen stammen und Seifensieder und Glashütten daraus variable Produkte herstellten.

Natriumkarbonat (Soda) ist ein Mineralsalz und kommt in der Natur in Gewässern, z.B. in denen von Karlsbad und Vichy vor, oder als Ablagerung am Grund von Seen ohne Abfluss in heißen Regionen, die bei ihrer Verdunstung Salze abscheiden. Es wurde in Europa zunächst über Venedig, das mit Geheimhaltung seine Glasmanufakturen bewachte, aus dem Orient importiert und später bevorzugt aus Salzkräutern gewonnen, die in Seenähe oder im Flachmeer an salzige Umgebungen angepasst sind. Auch bei der später industriell mit Hilfe von Schwefelsäure hergestellten kristallinen Soda, die die Baumwollbleiche revolutionierte, handelte es sich um Natriumkarbonat. Kaliumkarbonat gewann man aus der Verbrennung verschiedener Hölzer. Ihre Asche wurde ausgelaugt und in Pötten eingedampft. Diese Pottasche ist im englischen Sprachgebrauch als *potash* heute noch Synonym für Kaliumkarbonat.

Viele Reaktionen der handwerklichen Chemie liefen ohne diese beiden Salze gar nicht erst ab. Sie waren eine Art Dietrich zum Aufschluss anderer Substanzen, zur Freisetzung ihrer verborgenen Eigenschaften und zur Entwicklung neuer. Dabei spielte die Schwefelsäure oft die Rolle eines Überträgers der Säureeigenschaft auf diese und andere Salze. Die weit verbreiteten Verwendungsmöglichkeiten von Soda und Pottasche und deren ständig steigender Bedarf in allen Zweigen des Handwerks riefen Regierungen auf den Plan, die, wie in ganz Deutschland, mit Holz- und Forstordnungen die Aschenbrenner reglementierten, um bei schwindendem Holzvorrat gegenzusteuern, oder wie Venedig ein Importmonopol für Soda verteidigten. In Frankreich wurde die industrielle Sodaproduktion durch Zölle auf die Einfuhr spanischer Soda gegen großen Widerstand der Bevölkerung durchgesetzt.

Aus dem Universum der Handwerkerchemie nehme ich vor allem deren Fertigkeiten zur Trennung von Substanzen bei der Verhüttung der Kiese, der Destillation der Vitriole, der Läuterung der Salze und die Scheideprozesse in den Probierstuben der Hüttenwerke ins Visier. Diese Trennverfahren, das chemische Rüstzeug des Handwerks, lieferten die Schlüsselprodukte Vitriol, Salpeter, Soda und Pottasche zur Herstellung von Glas, Seife und Schießpulver, zur Scheidung von Gold und Silber, zum Bleichen von Textilien und zum Beizen und Färben. Es waren allesamt Salze, deren wässrige Lösungen als Laugen oder als Ausgangsstoffe für Säuren fungierten, wie Eisenvitriol für die Schwefelsäure und Salpeter für die Salpetersäure. Soda und Schwefelsäure werden die ersten dieser in großen Mengen benötigten Produkte sein, für die industrielle Verfahren zur Verfügung stehen und auf die sich das Augenmerk wissenschaftlich geschulter Chemiker richten wird.

Beim Versuch, die versteckten Kanäle aufzuspüren, in denen die kaum systematisierten Kenntnisse aus der Hüttenpraxis und des Handwerks in den Fundus der Naturwissenschaften und der Technik sickerte, gerät man allerdings leicht in unwegsames Gelände. Zu unscharf erscheint der Produktionsprozess im Detail, zu grob die eingesetzten Mittel, zu chaotisch das Szenarium einer Werkelei mit Eimern und stinkenden Kieshaufen – kein Vergleich zur peniblen Ordnung im Apothekerlabor, die die Schärfe eines disziplinierten Denkens suggeriert. Handwerkliche Verfahren eröffnen nicht auf Anhieb einen Zugang in den aufgeräumten Tempel der Wissenschaft. Handwerker experimentieren nur selten, sie probieren aus. Ihr Wissen führt sie nicht zur Theorie, sondern zu einer Verbesserung ihrer Praxis.

Es wäre einfacher, den langen Weg der Schwefelsäure von den Rändern der Metallgewinnung ins Zentrum der technischen Chemie nicht in einer Geschichte verschiedener Gewerke zu beschreiben, die Vitriol, Salpeter, Soda und Pottasche in großen Mengen zur Herstellung ihrer Produkte gebrauchten, sondern in einer Geschichte des kleinen Labors, in dem Alchemisten und Apotheker ihre Suppe kochten. Das ist oft genug geschehen, und es gibt gute Gründe dafür. Das kleine Labor wird von Historikern bevorzugt, weil sich in ihm das Wechselspiel von Experiment und theoretischer Reflexion entfaltete: Antoine Laurent de Lavoisier (1743–94) hat mit Hilfe der Schwefelsäure seine Sauerstofftheorie entwickelt und Henry Cavendish (1731–1810) den Wasserstoff entdeckt.

Hüttenwerke und handwerkliche Produzenten entstammten nach dieser Lesart der Geschichte der Welt der bewusstlosen Vorläufer, die mit der Entwicklung der Chemie als Wissenschaft nur beiläufig etwas zu tun hat, denn Ansätze einer Begrifflichkeit, die von Reaktionen einzelner Substanzen in definiertem Gewichtsverhältnissen unter reproduzierbaren Temperaturbedingungen ausgehen, finden sich erst in den fortgeschrittenen Probierstuben des ausgehenden 16. Jahrhunderts, wie sie Lazarus Ercker (1528–94) beschrieben hat.

Mit ihnen wurden die Methoden der Verhüttung, der Anreicherung und Veredelung der Endprodukte im wahrsten Sinn des Wortes »raffiniert«. Spätestens jetzt – und hier beginnt meine Untersuchung – ist die Beschränkung auf das den Alchemisten- und Apothekerküchen entsprungene kleine Labor nicht mehr gerechtfertigt. Sie ließe eine Menge Fragen offen. Zum Beispiel: Wie ist es zu erklären, dass sich die ersten Chemiker ausgerechnet mit den Substanzen beschäftigten, die seit Jahrhunderten aus den Hütten, aus der Produktion der Seifen, des Schießpulvers und des Glases kamen? Warum waren es die Salze der handwerklichen Produktion, die sie analysierten? Weshalb war ausgerechnet die Schwefelsäure auch für die Chemiker im Labor von Anfang an der Schlüssel zu vielen Reaktionen?

Aus dieser Perspektive schieben sich dann nicht der vielfach beschriebene Übergang von der wissenschaftlichen Chemie zur Chemieindustrie in den Vordergrund, sondern die Gewerke, die, theoretisch weitgehend blind, in ihrer täglichen Praxis diese wirksamen Substanzen des Grundstocks der chemischen Industrie und der theoretischen Chemie überhaupt erst ausfindig gemacht und isoliert hatten. Sie waren es, die mit der Steuerung der Wärme und der Aufspaltung der Schmelz- und Verbrennungsprozesse in einzelne Arbeitsschritte den Gesteinen und Erden nach und nach das gewünschte Endprodukt entwunden haben, mit ihrer »Regierung des Feuers«, wie Handwerker und Hüttenleute ihre Arbeitsweise verstanden, und sie stellten eine Palette von Öfen und Destilliergeräten bereit, die in großem Maßstab Erze schmelzten, Metalle trennten und Säuren destillierten. Die Handwerker ließen Salpeter wachsen und Salze kristallisieren, und das alles ohne das Rüstzeug, mit dem wir heute chemische Reaktionen beschreiben. In den Probierstuben der Hüttenwerke und den diversen Siedereien wurde eine Sprache der fünf Sinne gepflegt, mit der man die Prozesse verstehen wollte, und deren erstaunliche Effizienz angesichts des komplexen Ausgangsmaterials von grobem Gestein, reichhaltigen Erden und verkohlten Pflanzen verwundern muss.

Zur Beherrschung eines Produktionsprozesses gehört auch die Beherrschung seiner Abfälle. Es gab sie nicht. Zynisch betrachtet ist der freie Giftabfluss das einzige gesicherte Bindeglied zwischen den Hüttenwerken und Siedereien und der frühen chemischen Industrie. Sie alle entsorgten wohin auch immer. Nur selten zeigen Bilder die erbarmungslosen Zerstörungen der Umwelt, obwohl aus allen Feuern dichte Schwaden quellen und sich aus den Laugen ein Delta giftiger Brühe in Bäche und Erdreich ergießt. Etwas häufiger ist der Kahlschlag für die gefräßigen Öfen an den traurigen Baumstümpfen zu sehen, die die Berghänge bedecken. Die Bilder zitieren nur ausnahmsweise die tödliche Gefahr für die Arbeiter, auch für Frauen und Kinder, wenn sie direkt am qualmenden Ofen einen Mundschutz tragen. Wegen ihres arsenhaltigen Rauchs besonders giftig waren die unter freiem Himmel über Monate und Jahre vor sich hin schwelenden Haufen der Schwefelkiese. Die Akten sind voll von Beschwerden aufgebrachter Bauern, Waldbesitzer und Fischer, auf die die Obrigkeit aus Gier aufs Edelmetall und auf Schwefel für Schießpulver nur widerwillig reagierte. Und es gibt Berichte aus dem Rammelsberg bei Goslar, dass Arbeitern Schuhe und Bekleidung vom Grubenwasser zerfressen wurden und sie deshalb nackt arbeiteten und lieber ihre Haut zerstörten. Die Umweltschäden waren auch nach der Etablierung der Schwefelsäureindustrie verheerend, und die walisischen Frauen in der von John Roebuck seit 1749 in Prestonpans bei Edinburgh betriebenen Bleikammern für Schwefelsäure starben nach wenigen Jahren an ihren zerfressenen Lungen. Es waren »Kollateralschäden« eines im Grunde genommen zielgerichteten Handelns: Man wollte dem Berg Metalle und Schwefel entreißen und ließ als Zugabe Bäume, Fische und Menschen verenden. Mit dem Bild einer Schwefelhütte im Fegefeuer der Schwefelläuterung möchte ich diesem zerstörerischen Aspekt den ihm gebührenden Platz zuweisen, damit er nicht hinter wissenschaftlichen Erwägungen verschwindet.

Zwei zeitliche Schwerpunkte bilden den Rahmen für meine Untersuchung: die zweite Hälfte des 16. Jahrhunderts, als die Analysemethoden in den Hüttenwerken einen ersten Höhepunkt erreichten, und die zweite Hälfte des 18. Jahrhunderts, als die handwerkliche Schwefelsäure- und Sodaproduktion in den Sog technischer Verfahren geriet. Einige örtliche Schwerpunkte bieten sich wegen ihrer herausragenden Bedeutung fast von selbst an: der Harz mit dem Rammelsberg bei Goslar für die Vitriolgewinnung und mit Nordhausen für die Oleumproduktion, Holland und Schottland für die Textilbleiche, Marseille für Soda und Seife und als wichtigster Importhafen Frankreichs für Schwefel und die spanische Soda. Für die Salpeterherstellung kam Preußen in Frage, dessen Kriege um die Mitte des 18. Jahrhunderts einen unstillbaren Hunger nach Schießpulver ausgelöst hatten.

Als Titelblatt habe ich das Frontispiz der kaum gewürdigten *Pyritologia oder: Kieß=Historie* des Johann Friedrich Henkel von 1725 für einen ersten Eindruck gewählt. Dem Dresdner Arzt und Bergrat aus Freiberg war es gelungen, in einem einzigen Bild die wesentlichen Elemente der Schwefelkiesgewinnung, seiner Verarbeitung in Arsen- und Schwefelhütten, Überlegungen zur Genese des Feuers der Vulkane mit Hilfe des Schwefels, den Auswurf von Mineralien aus dem Vulkan, die konzentrische Ausbreitung von Seebeben, die Unterredung eines Kaufmanns mit einem Bergmann und das Baden in warmen Schwefelquellen in einer fiktiven Bilderzählung zu verdichten. So kurz und bündig war Henkel in seinen Texten nicht. Tausend Seiten barocke Geschwätzigkeit, die den wichtigen Kern seiner Entdeckung hinter blumigen Girlanden verbirgt. Und eine der Quellen zur Beantwortung meiner Fragen.

Eine Bergfabrik für Schwefel und Vitriol

Auf dem um 1770 entstandenen Gemälde einer Hütte zur Verarbeitung von Schwefelkies sind in seltener Vollständigkeit die Elemente eines bereits fabrikmäßig durchorganisierten Hüttenprozesses zusammengeführt, die auf die Gewinnung von Schwefel und Vitriol abzielten (Abbildung 2). Vitriole sind Salze, die glasigen Kristalle der Metallsulfate (*vitrum* lat. Glas). Der inzwischen als J. Weiss identifizierte Maler aus dem Salzburger Land hat die Darstellung wahrscheinlich unter Anleitung eines Bergfachmanns aus einschlägigen Werken des Bergbaus und der Hüttentechnik zusammengestellt, und es ist kaum anzunehmen, dass die Anlage in dieser Abbildung tatsächlich existiert hat. Aber als Einstieg in die Hüttenpraxis ist diese idealtypische Bilderfolge der Schwefel- und Vitriolgewinnung hervorragend geeignet. Zu sehen sind drei Stufen der Bearbeitung der kupfer-, eisen- und zinkhaltigen Schwefelkiese, wie sie z. B. am Rammelsberg bei Goslar vorgenommen wurde. Dort hatte man die bergmännisch geförderten Kiese vor dem Rösten mindestens acht Monate lang auf Halden der Verwitterung ausgesetzt.

Im oberen Teil des Bildes sind zwei *Stufen des Röstens der Kiese* zu sehen: links die erste Stufe (»das erste Feuer«) mit dem sorgfältig geschichteten Rösthaufen und rechts die zweite (»das zweite Feuer«) im Schwefelofen. Die Vertiefungen im Pyramidenstumpf des Rösthaufens dienten der Sammlung des Schwefels, die in der Schwefelofenhütte in Kammern erfolgte und die auf dem Bild nicht zu erkennen sind. Das Brett an der Röstpyramide sollte verhindern, dass Windböen die gedämpfte Glut anfachen, mit der die Kiese acht Monate oder länger dünsteten, um den Schwefel aus seinen metallischen Verbindungen auszutreiben. Dem gleichen Zweck dienten die verschließbaren Kanäle in den meterdicken Wänden des Ofens, der eine Länge von 10 m und eine Breite von 5 m erreichen konnte. Ein kunstvolles Schichten der Kiese mit Luftkanälen gewährleistete eine ausreichende Versorgung mit Luft, damit durch Oxidation eine höhere Temperatur für die Beschleunigung der Vitriolisierung, das ist die Bildung von Metallsulfaten, erzeugt wurde, aber nur so viel, dass sich der Haufen nicht selbst entzündete und ein loderndes Feuer Schwefel, Metalle und die gerade erst gebildeten Vitriole mit sich riss.

Es war ein Balanceakt, den die Hüttenleute bei der Regierung des Feuers während des Röstprozesses vollbringen mussten: Der Schwefel sollte nicht verbrennen, nicht als Schwefeldioxid in die Luft entweichen oder

Abbildung 2: Schwefelgewinnung und Vitriolerzeugung. Aus einem Zyklus von acht Gemälden zum Bergbau um 1785 von J. Weiss. Salzburg Museum. InvNr. 560 h-49, (50,5 cm x 72,5 cm). Ausführliche Erklärung im Text.

sich als unkontrollierte Schmelze im Haufen verteilen, sondern sich in den Vertiefungen des Pyramidenstumpfes sublimieren. Kupfer durfte nicht schmelzen, das sich schon unter normalen Bedingungen im Rösthaufen als Kern anzureichern begann, denn es musste sonst zur weiteren Verarbeitung in den Schmelzöfen mühsam aus anhaftenden Eisenoxiden herausgeschält werden. Schlackenbildungen mussten vermieden werden, da sie den anschließenden Schmelzprozess für Metalle erschwerten. Die Hitze in der Pyramide durfte nicht dazu führen, das sich die Vitriole, noch bevor sie sich an der Basis abzuscheiden begannen, in Eisenoxid und Schwefelsäure zersetzten. Obwohl die Hüttenleute wussten, worauf sie zu achten hatten, konnten sie beim Rösten in den Pyramidenhaufen nur ein Prozent des im Kies vorhandenen Schwefels gewinnen, der Rest verschwand in den Vitriolen, verpestete die Luft und legte sich als gelbes, oftmals arsengeschwängertes Gift auf eine absterbende Natur.[1] Das freundliche Gelb auf den Bäumen täuscht. Sie sind von Schwefel bedeckt, und giftige Schwaden quellen aus den Rösthaufen und aus dem Schlot des Kamins. Franz Werfel hat sie in seinem Gedicht *Jesus und der Äser-Weg* gerochen:

ein schweflig Stinken und so ohne Maß
Aufbrodelte aus den verruchten Lachen,
Daß wir uns beugten übers gelbe Gras
Und uns vor Ekel und vor Angst erbrachen
1913 (Auszug)

Ein kurzer Blick auf die *Temperaturabhängigkeit einiger beim Rösten möglichen Prozesse* zeigt, wie schwierig die Steuerung gewesen sein muss. Schwefel schmilzt schon bei 115° C und kann abgeschöpft werden, und er siedet bei 445° C, wenn er in die Luft entweicht. Die in Färbereien und Gerbereien begehrten Vitriole Eisensulfat (grüner Vitriol) und Kupfersulfat (blauer Vitriol) zersetzen sich bei 400° C bzw. 560° C, zuletzt das Zinksulfat (weißer Vitriol) bei 680° C, aber sie werden aus den Metallsulfiden der Kiese erst dann gebildet, wenn diese bei höheren Temperaturen zerfallen. Der wichtigste Bestandteil des Schwefelkieses, Pyrit (Eisensulfid), zerfällt erst bei 743° C, der für Kupfervitriol begehrte Kupferglanz (Kupfersulfid) benötigt dazu 1100° C und Zinkblende (Zinksulfid) sogar 1185° C. Das ist die Quadratur des Kreises. Sie wurde durch die monate- bis jahrelange Verwitterung auf Halden unterlaufen, die die Sulfide teilweise zerlegte und zu Metalloxiden und Vitriolen oxidierte.

Aus den gleichen Gründen mussten beim Rösten die Temperatur niedrig gehalten und dafür ein lang anhaltendes Abrösten in Kauf genommen werden. Oder der Röstprozess wurde in zwei Stufen bei steigender Temperatur vorgenommen, so dass sic h zuerst Eisenvitriol, dann Kupfervitriol und schließlich Zinkvitriol bilden konnten. Da damals noch niemand Temperaturmessungen vornehmen konnte, basierte die komplizierte Temperatursteuerung alleine auf der Erfahrung der Hüttenleute. Der schichtweise Aufbau eines Rösthaufens oder die Beschickung des Ofens waren eine raffinierte Kunst zur Regierung des Feuers, die in vielen bekannten Werken deshalb ausführlich beschrieben worden ist. Auch die Jahreszeit wurde in Betracht gezogen. Im Winter waren die Pyramiden höher geschichtet als im Sommer, um ein zu schnelles Abkühlen zu vermeiden. Die Seiten wurden mit schon geröstetem Erzklein abgedeckt und verdichtet, damit die Schwefeldämpfe nach oben abzogen und am Pyramidenstumpf statt im Innern des Rösthaufens sublimierten.

Schwefelkiese (Pyrit, FeS) enthalten so viel Schwefel, dass dieser nach einstündigem Anfeuern im Brandloch der Pyramide und zwölfstündigem Verbrennen des Holzes in den Pyramidenschichten genügend Hitze zur Fortsetzung der Röstung ohne weitere Zufuhr von Brennmaterial entwickelt. Bei zu heftigem Brand legte man zum Luftabschluss noch eine Schicht Erzklein über die Seiten, auch um die Risse abzudichten, die durch das Setzen des Haufens entstanden waren. Nach einigen Tagen zeigten sich auf der Oberfläche der Röste schwarzbraune Flecken, »die Röste war fett« geworden und begann Schwefel abzuscheiden. Nach ungefähr 14 Tagen tanzten einzelne Schwefelblüten über dem Haufen, und nun konnte man mit dem zweimal täglichen »Auskellen« des flüssigen Schwefels, dem Ausschöpfen mittels einer hölzernen Kelle aus den Löchern der vorher mit kleinem geröstetem Erz verstärkten Decke beginnen.

Trotz des raffinierten Aufbaus der Rösthaufen hing deren Ertrag an Schwefel und Vitriolen hauptsächlich vom Wetter ab: »Schwache Süd- und Westwinde, trübes Wetter, kühle Temperatur und gelinder Regen begünstigen den Prozess, weil unter diesen Umständen der obere Theil der Röste kühl erhalten wird, während im unteren die Zersetzung lebhaft vor sich geht; nachteilig ist ruhige Luft, Sturm, Ostwind und Nordwind, starke Regengüsse, sowie große Hitze und Kälte«.[2] Bis zu 26 Wochen brannte eine Röste und musste vor allem nach starkem Regen immer wieder ausgebessert, die Auffanglöcher für den Schwefel nachgestampft und bei Nachlassen des Brandes der Fuß der Pyramide für bessere Luftzufuhr aufgehauen werden.

Waren außer Eisensulfid noch andere Metallsulfide wie z.B. Kupferglanz beigemischt, musste stärker gebrannt und der Röstprozess nach dem ersten noch in einem zweiten stärkeren Feuer fortgesetzt werden, nachdem der Rösthaufen auf den Rost des bedachten Ofens umgeschichtet worden war, wobei die großen, noch nicht ganz durchgerösteten Stücke zerhauen und größere Luftkanäle angelegt wurden. Das Rösten war jetzt wegen des geringen Restschwefelgehalts, der den Brand kaum noch unterstützte, noch abhängiger von der Witterung geworden. Deshalb das Dach über dem Ofen und die Ofenmauern als Schutz und als Wärmespeicher.

Das Rösten im Ofen unter dem Schuppen rechts oben im Bild mit stärkerem zweiten Feuer wurde fünf bis sechs Wochen fortgesetzt. Im Grunde liefen dieselben Prozesse wie im ersten Feuer ab, mit dem kleinen Unterschied der geringeren Schwefelausbeute und dem großen einer nahezu vollständigen Umwandlung der Metalle in Oxide und Sulfate. Nach Ansicht des Bergrats aus Bayern, Matthias Flurl (1776–1823), war es das Ziel, die Kiese so zu erhitzen, »daß der mit ihnen verbundene Schwefel entbunden, und zum Theil in die Luft gejagt, zum Theil aber so aufgelöset wird, daß die in demselben vorhandene Vitriolsäure die Eisenerde in den Kiesen angreift, und sich mit derselben zu Vitriol verbindet«.[3] »Die im Schwefel vorhandene Vitriolsäure«, die Schwefelsäure, war dort von Natur aus nicht vorhanden, wie der Bergrat glaubte. Sie bildete sich im Kies, und zwar nicht erst beim Rösten, sondern bereits bei der Verwitterung des Pyrits (Eisensufid) auf den Halden. Unter Einwirkung von Sauerstoff, Wasser und Bakterien entstanden Eisensulfat und Schwefelsäure. Um möglichst viel Vitriol auslaugen zu können, wurden die Kieshaufen daher von Zeit zu Zeit mit heißem Wasser übergossen, solange bis die austretende Flüssigkeit nicht mehr auf der Zunge brannte. Eisenvitriol schmeckt süßlich und wirkt zusammenziehend. Die Zungendiagnostik war bei allen chemischen Prozessen weit verbreitet (Abbildung 3 und 4, Seite 20/21).

Das dritte Rösten wurde durch eine sorgfältige Auslese des Erzkleins vorbereitet. Es dauerte nur noch drei bis vier Wochen und diente der möglichst vollständigen Oxidation der Metalle, die beim Kupfer wegen nicht ausreichender Rösttemperatur nicht gelang und deshalb in einer gesonderten Ofenschmelze fortgesetzt werden musste. Dieses dritte Feuer hatte mit der Gewinnung von Schwefel und Vitriol nichts mehr zu tun. Es wird hier erwähnt, um wenigstens den Umriss eines Bildes des abgestuften Vorgehens der Hüttenleute zu zeichnen, die ohne Temperaturmessung in wärmeabhängigen Trennverfahren der Verwitterung und des Röstens Schwefel, Vitriol und Erze voneinander geschieden haben. Der Röstprozess war noch viel komplizierter als hier dargestellt, weil ich die im Haufen abtropfenden, sich in Röstknoten ansammelnden, in unterschiedlichen Graden oxidierten Erze der Kiese und die Gemengelage von Substanzen, die sich auf der Röstesohle angesammelt haben, nicht berücksichtigt habe. Die Hüttenleute mussten damit umgehen, um die folgende Erzschmelze durch Metallverluste nicht zu einem finanziellen Desaster werden zu lassen .

Auf der Abbildung 2 sind auch die weiteren Schritte des Auslaugens und Konzentrierens der Vitriole dargestellt. Man sieht ineinander gesteckte hölzerne Röhren, die von der oberen Basis des Schwefelofens in eine kupferne Pfanne auf einem Ofen führen, in der Wasser bis zum Sieden erhitzt wurde. Am Rammelsberg bei Goslar konnte das schon stark vitriolhaltige Grubenwasser unter Umgehung des folgenden Auslaugprozesses direkt in die Bleipfannen geleitet werden. Hier jedoch sieht man unterhalb des Herdes für siedendes Wasser vier längliche Auslaugbottiche, in denen die abgerösteten, weitgehend schwefelfreien Kiese mit dem heißen Wasser aus dem Messingrohr übergossen und 20 Stunden sich selbst überlassen blieben. Dann waren die durch Verwitterung und Röstung der Metallsulfide entstandenen gut wasserlöslichen Vitriole der Kiese in das Wasser übergegangen, das nach Öffnen der Hähne in den darunter stehenden großen Setzkasten abgelassen wurde.

Die übrig gebliebenen Kiese werden hier von dem Arbeiter mit Schubkarre zu einem Haufen in der Ecke des Gemäuers geschüttet. Diese teilweise ausgelaugten Kiese wurden einem zweiten oder dritten Feuer unterzogen, um ihnen die letzten Reste des Vitriols zu entlocken, oder sie gelangten direkt in die Schmelzöfen, wo sie auf ihren Metallgehalt hin weiter verarbeitet wurden. Ercker hatte diesen Schritt wegen des geringen Metallgehalts der ausgelaugten Kiese am Rammelsberg verworfen.

Im großen Setzkasten lagerte sich ein schwarzer Schlamm ab, der noch verwertbare Metalle und Reste von Schwefel, vor allem verschiedene Eisenoxide und das silberhaltige Schwarzkupfer enthielt und deshalb unter das klein gepochte Erz in den Schmelzöfen gemischt wurde. Die überstehende Flüssigkeit wird hier zum Sieden und Konzentrieren über zwei Rinnen aus Holz in vier beheizte Bleikessel abgelassen, das Konzentrat in die beiden nebenstehenden hohen Tröge abgeschöpft und die klare, bräunliche Flüssigkeit nach Absetzen der Verunreinigungen zum Abkühlen und Anschießen des Vitriols, d.h. der Auskristallierung von

Abbildungen 3 und 4: Röstverfahren. Die beiden Abbildungen aus dem Bericht von Löhneiß geben einen sehr viel genaueren Eindruck von der Arbeit mit den Rösthaufen als der Überblick in Abbildung 2. In Abbildung 3 deutlich zu erkennen sind die kunstvolle Schichtung des Haufens, das Abschöpfen des Schwefels aus den Löchern der Pyramide und eine andere Art des Schwefelfangens in großen Bottichen unter dem Dachfirst. Abbildung 4 zeigt das Rösten unter freiem Himmel ohne Haufen, aber hinter schützenden Mauern und das Rösten in Brennöfen, das sogenannte dritte Feuer. Im Hintergrund eine Schmelzhütte. Im Gegensatz zu vielen anderen Darstellungen sieht man hier überquellende Rauchschwaden in die Luft entweichen. Der folgende lange Buchtitel zeigt die Vielfalt dessen, was in den Hütten des Rammelsbergs verarbeitet wurde. Löhneiß (1552–1622) war braunschweigischer Berghauptmann und Stallmeister. Die erste Auflage seines Werkes erschien 1617. Georg Engelhard von Löhneiß, Gründlicher und aussführlicher Be-

richt von Bergwercken, wie man dieselben nützlich und fruchtbarlich bauen, in glückliches Auffnehmen bringen und in guten Wolstand beständig erhalten; Insonderheit die Ertzen und Metallen, als Gold, Silber, Kupffer, Zien, Bley, Wißmuth, Spießglas, Stahl-Stein, Magneten und Eisen-Stein, ein jedes nach seiner rechten Natur, Art und Eigenschafft auffs nützlichste bearbeiten, rösten, waschen puchen, Seigern, auff mancherley Weise in kleinem Feuer probiren, cimentiren, und scheiden, auch im grossen Feuer ohne Abgang schmeltzen und zu Nutze machen soll. Nebenst vielen künstlichen Abbildungen allerhand darzu nöthigen Ofen und Werckzeuge; Wie auch vortheyliche Anweisung vom Schwefel machen, Vitriol, Alaun, Salpeter und Saltzsieden. Sampt beygefügter nützlicher Berg-Ordnung, und Bericht von der Bergleute Verrichtung und Freyheiten. Allen denen, so Berwercke bauen, und dabei interessirt sind, zu Diensten und Gefallen auffs neue wierumb an den Tag gegeben. Stockholm und Hamburg 1690.

Eisensulfat, in die acht Holzbehälter übergeleitet. Nicht dargestellt sind die am Rammelsberg üblichen Raffinessen zur Förderung der Kristallisation des Vitriols. Dort wurden die Kristallisationströge mit durchlöcherten Holzstäben abgedeckt, durch die Schilfrohre ein Stück weit in den Sud geschoben wurden, an denen die Kristalle an einer weit größeren Oberfläche wachsen konnten.

Vitriol aus Schwefel- und Kupferkies am Rammelsberg

Der Rammelsberg bei Goslar, der mit seinen reichen Erzkiesen über viele Jahrhunderte ausgebeutet wurde, war ein harter Brocken. Seine fest verbackenen Sulfiderze mussten in den Gruben durch Feuersetzen erst einmal mürbe gemacht werden, um sie mit den einfachen Werkzeugen der Bergleute abschlagen und ausbringen zu können und sie anschließend monate- und sogar jahrelang auf Halden der Verwitterung auszusetzen.

In den Grundzügen mit dem besprochenen Bild vergleichbar erfolgte die Verhüttung auch am Rammelsberg. »Alle Kiese führen Schwefel, der eine mehr, der andere weniger«, sagte schon Lazarus Ercker in seinem »Großen Probierbuch« von 1580, und bezog sich dabei auf den Rammelsberg, der Jahrhunderte lang einer der wichtigsten Orte in Deutschland für die Gewinnung der genannten Substanzen und für Blei, Kupfer, Silber und Gold gewesen ist.[4] Was den Rammelsberg für die Vitriolgewinnung jedoch einzigartig machte, waren die durch den Grubenbau ausgelösten, menschengemachten Kristallausblühungen an den Grubenwänden, mit Vitriolen angereichertes Grubenwasser und durch Feuersetzen an den Gruben ausgelöste Vitriolisierung im Gestein. Das erleichterte und variierte die Art der Gewinnung des Vitriols und förderte ein fein abgestuftes handwerkliches Wissen über das chemische Verhalten dieser Metallsulfate.

Diese Blei-Zink-Kupfer-Lagerstätte hatte sich vor 380 Millionen Jahren unter submarinen Verhältnissen »als schichtgebundene Sulfidvererzung« in einem Meeresbecken gebildet, in dem sich mit einer Mächtigkeit von 15 Metern verschiedene Metalle aus warmen, sogenannten hydrothermalen Lösungen in tiefreichenden Gesteinsbrüchen abschieden.[5] Die Buntmetalle waren in feinlamellierten Schichten oder im feinkörnigem Sediment des Meeresbodens zu einem festen Gestein, den Schwefelkiesen, verbacken. Sie enthielten die Metallsulfide, aus denen neben den Metallen Schwefel und Vitriole gewonnen wurden:

- Schwefelerz (Pyrit)
- kiesiges Erz (Pyrit, Kupferkies),
- Braun- und Melierterz (Zinkblende,Bleiglanz, Pyrit, Kupferkies),
- barytisches Blei-Zink-Erz (Zinkblende, Bleiglanz, Pyrit, Baryt) und
- Grauerz (Baryt, Bleiglanz, Zinkblende).

Das ist der komplexe und auf engstem Raum sehr variable Rohstoff, der aus dem Berg geholt wurde, die Quelle für Schwefel, Kupfer, Blei und Zink und Silber ca. 75 g auf eine Tonne und selten Gold.[6] Die Metalle waren das eigentliche Ziel der Berg- und Hüttenleute. Obwohl das Erz führende Gestein äußerlich gut zu unterscheiden war, etwa am Glanz eines Melierterzes, war sein Metallgehalt, wie schon der Name »meliert« zeigt, immer mit allen möglichen Metallen, Quarzen und Tonen »gemischt«. Selbst allerkleinste Teilchen waren nie ganz reines Kupfer, Blei oder Zink, was mit dieser Entstehungsgeschichte aus heißen, submarinen vulkanischen Rauchern zusammenhängt, die in der Vermischung mit dem kalten Wasser des Meeresgrundes die aus dem Gestein gelösten Stoffe in feinsten Mineralpartikeln in einer Wolke über weite Strecken verteilt hatten.

Metalle steckten auch in den Vitriolen, den Sulfaten zweiwertiger Metalle. Diese Metallsalze waren aus den Metallsulfiden der Erzlager vor allem durch die Eingriffe in den Berg entstanden. Der einmalige Reichtum an verschiedenen Vitriolen im Rammelsberg war somit ein Nebeneffekt des seit Jahrhunderten betriebenen Abbaus von Metallen, ohne den sie sich erst gar nicht gebildet hätten. Man bekam mit ihnen beim Rösten der Kiese zu tun, man dampfte Vitriol haltiges Grubenwasser ein, löste die beim Feuersetzen an den Wänden entstandenen vitriolhaltigen Kupferrauch und Atramentstein in Wasser und gewann fast ohne Bearbeitung den von den Bergleuten »Jöckel« genannten »gediegenen Vitriol«, sein kristallines Salz, das wie Tropfsteine in den Stollen wuchs (Jökull, norwegisch Eiszapfen, übernommen aus der norwegischen Silbererzgrube Akersberg bei Oslo und den Kupfererzgruben von Konsberg, in die seit dem frühen 16. Jahrhundert Harzer Bergleute ausgewandert waren).

Das *Feuersetzen* (Abbildung 5) in den Stollen hat die Erz führenden Gesteine zum Ausbringen nicht nur mürbe gemacht, sondern auch die Bildung von Kupferrauch und Atramentstein angestoßen. So bezeichneten die Bergleute das vitriolhaltige Gestein, aus dem die Vitriolsalze ohne weiteres Rösten direkt ausgelaugt werden konnten. Sie waren entstanden, nachdem die Bergleute die Stollenwände- und decken mit den rauchigen Abfallprodukten des Feuersetzens abgestützt hatten. Es waren Reste teilweiser gerösteter und mit Tonschiefer vermischter Erzstückchen. Als diese Stollen jahrzehntelang ungenutzt blieben und durch das mürbe Gestein Wasser eindringen konnte und die Stollen flutete, bildeten sich in den Kiesen wasserlösliche Vitriole, die nun ihrerseits die Wände angriffen und mitsamt dem aufgetragenen alluminiumhaltigen Tonschiefer weiter zersetzten. Nach Wiederaufnahme des Abbaus, Abpumpen des Wassers

Abbildung 5: Das Feuersetzen, wie es im Rammelsberg praktiziert wurde, war ein gefährliches Unterfangen. Die rund 3 m hohen Stapel aus absolut trockenem Holz mussten an den nicht immer geraden Wänden rundum kunstvoll errichtet werden, und sie sollten schnell eine große Hitze erzeugen, um den Stein zu sprengen. War das Holz feucht, entwickelten sich giftige Rauchschwaden, dem die Bergleute in den Stollen dann durch die engen Schächte kaum entkommen konnten. Das Anzünden der Stapel erfolgte am Samstagabend, sodass die Rauchgase übers Wochenende abziehen konnten. Durch die Hitze lösten sich »Schalen« von den Wänden. Die Stapel waren deshalb oben – auf der Abbildung gut zu erkennen – wie ein Dach konstruiert, damit die Schalen »über das Holz abschießen können und das Feuer darunter besser an das Gestein anschlagen kan«. Rößler (1605–1673) hat als Bergbeamter in Böhmen, Freiberg und Altenberg gearbeitet. Balthasar Rößler, Speculum Metallurgicae Politissimum Oder: Hell polierter Berg-Bau-Spiegel. Dresden 1700. S. 76. Das Buch wurde von seinem Enkel herausgegeben.

und erneutem Feuersetzen trockneten die Wände aus und wurden durch das im Feuer teilweise oxidierende Eisenvitriol verfestigt. Je nach Grad der Aushärtung sprachen die Bergleute entweder von Kupferrauch als zäher Masse oder von Atramentstein, der wegen seiner Härte ausgebohrt und weggesprengt werden musste (*atramentum* lateinisch Tinte, wahrscheinlich wegen der Verwendung des Eisenvitriols aus dem Atramentstein zur Herstellung von Eisengallustinte). Die geringe Sprengkraft des Schwarzpulvers und die vielen dazu erforderlichen 60 cm tiefen Bohrlöcher machten jedoch die Sprengung bis zur Erfindung des Dynamits Ende des 19. Jahrhunderts nicht zu einer Methode der ersten Wahl. Der graue Atramentstein enthielt neben Eisenoxiden auch die Alaune, das sind die Aluminiumsilikate aus dem verbauten Ton, der rote die Eisenoxide, aber alle enthielten sie Vitriole.[7]

In vielen dieser im Verlauf der Jahrhunderte verlassenen Stollen des Rammelsbergs, die von der »Wasserkunst« nicht mehr mit Schöpfrädern und Pumpen trocken gehalten wurden, konnten Vitriole in Lösung gehen und an manchen Stellen auskristallisieren. Von 1360 an lag der Anbau für mindestens 100 Jahre vollständig darnieder. Spätere Unterbrechungen betrafen einzelne eingestürzte Stollen oder waren Kriegs- und Pestzeiten mit fehlenden Bergleuten und Kapitalmangel geschuldet. Auch Rechtsstreitigkeiten um den Besitz und die Einkünfte aus dem Rammelsberg zwischen der Stadt Goslar und dem Herzog von Braunschweig spielten eine Rolle.

Wie es zur Bildung dieser Vitriole gekommen war, blieb lange unklar. Die Bergleute dachten zunächst, sie seien in den Kiesen vorgebildet, weil sie auch in natürlichen Klüften auf sie gestoßen waren. Allmählich begann man zu begreifen, dass das Feuersetzen im Berg denselben Effekt erzeugte wie das Rösten der Kiese in den Haufen und dass eindringendes Wasser für ihre Entstehung verantwortlich war. Wie genau, beschrieb der Bergfachmann aus Goslar, Christoph Andreas Schlüter (1668–1743) in seinem für lange Zeit gültigen Standardwerk zur Hüttenpraxis. Das Durchsickern des Wassers durch unterschiedliches Gestein bestimmte den Charakter des Vitriols:

»Die Wärme in den Gruben trucknet nun an einigen Orten so scharff, daß die Nässe sich zum Theil verlieret und austrucknet, dadurch werden nun die Wasser reich an Vitriol, und wo solche hintrüpfen, bleibt es aufeinander hengen, daß Stücke wie Eis-Zapfen wachsen. Wann nun solche Wasser durch Bley-Ertze gehen, sind die Zapfen weiß, gehen sie durch Schwefel-Kies, sind die Zapfen grün und wann sie durch gute Kupfer-Ertze kommen werden solche Zapfen blau, welche weisse, grüne und blaue Zapfen Jöckel oder gediegener Vitriol genannt werden.«[8]

Der weiße Jöckel ist Zinksulfat, der grüne Eisensulfat, der blaue Kupfersulfat. In den alten Gängen des Rammelsberges entsteht so ein lebhaft farbiger Eindruck an den Wänden, aus denen die Vitriole nach und nach ausblühen, an einzelnen Stellen Zapfen oder über weite Strecken flächige höckrige Farbmuster bilden. Er wird noch durch die Mischungen dieser Vitriole verstärkt, die der intensiven Durchdringung der verschiedenen Erze im Gestein entspricht und so alle Schattierungen von Grün und Blau bis Türkis entstehen lässt, unterbrochen und manchmal fein überzogen vom Weiß des Zinkvitriols, gelb abgetönt von oxidierendem grünen Eisenvitriol und durchsetzt mit dem Rostrot von Eisenoxid und dem Schwarz des Manganoxids. Manche folgen wie eine Ader dem Verlauf von Wandrissen, andere setzen sich, noch durchscheinend weiß, über intensives Blau oder tropfen aus größerer Höhe auf darunter liegende andersfarbige Ablagerungen. Die Wände und Decken leben in einem nicht enden wollenden Rausch von Farben, und am Boden sammelt sich die tonige ockergelbe Erde aus dem Brauneisenstein.

Die in den Zapfen rein auskristallisierten Vitriole brauchten nur von den Wänden gepflückt zu werden und mussten die einzelnen Verarbeitungsschritte der Kiese und des Kupferrauchs nicht mehr durchlaufen.

Der Arzt Johann Friedrich Henckel (1678–1744) aus Freiberg, dessen Abbildung ich für das Titelbild gewählt habe, war einer der ersten, der erkannte, dass die Vitriole, die Metallsulfate, im Kies nicht vorgebildet sind, sondern unter Einwirkung von Luft und Feuer auf die pyrithaltigen Kiese erst entstehen. In seiner *Pyritologia oder: Kieß-Historie* von 1725 versammelte er alles, was er in der Literatur und aus eigener Erfahrung über Kiese zusammentragen konnte, und versuchte sich auch an einer Einteilung nach morphologischen Gesichtspunkten, wie sie auf den beiden Tafeln für die Pyrite, den eigentlichen Schwefelkiesen, zu erkennen ist.[9] (Abbildung 6 und 7).

Henkel überschrieb sein 14. Kapitel daher aus gutem Grund »Vom Vitriol aus Kieß« und nicht »Vom Vitriol im Kieß«, wie er ausdrücklich betonte. Vitriol werde aus Kies geboren, gemacht und hervorgebracht. Zum »Vitriol-Wesen« gehörten Schwefelsäure und metallische Erden. Er war sich sicher, dass Vitriol ein metallisches Salz ist, weil es »in seinen reinsten und frischen Stücken durchsichtig« sei, weil es sich in Wasser

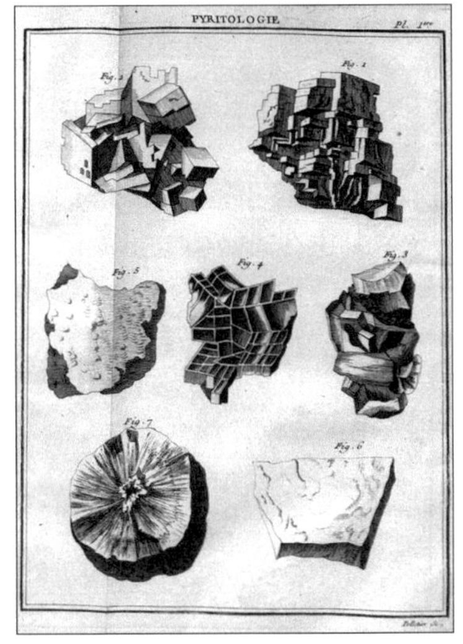

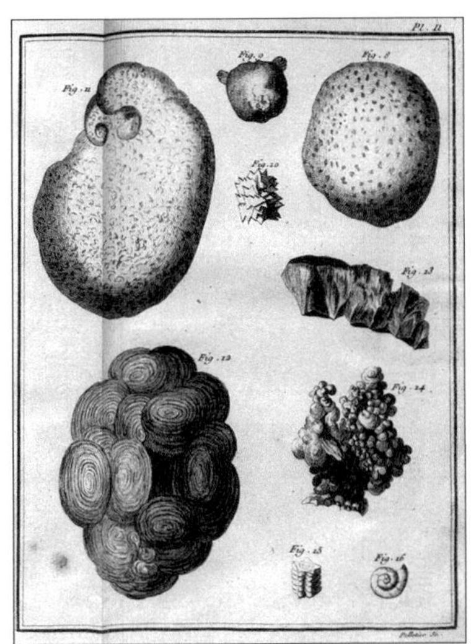

Abbildung 6 und 7: Die Kupferstiche zeigen verschiedene Formen von Pyrit, wie ihn Henckel verstand und wie ihn die Bergleute zu sehen bekamen. Chemisch ist diese Aufstellung nicht zu gebrauchen. Es zählt allein das Aussehen. Daher ist auf der Abbildung 6 rechts unten auch eine kleine, von Pyrit (Eisensulfid) überzogene Versteinerung einer Schnecke zu sehen, die Henkel ebenfalls zu den Kiesen rechnet. Johann Friedrich Henckel, Pyritologia oder: Kieß-Historie als des vornehmsten Minerals... Leipzig 1725. Die Tafeln wurden der französischen Ausgabe von 1760 entnommen.

vollständig auflöse und weil es auf der Zunge einen scharfen Geschmack erzeuge. Diesen glasigen Kristallen verdanken die Vitriole ihren Namen (*vitrum*, lateinisch Glas).

Der Rammelsberg mit seinen Jahrhunderte alten Stollen und seinen variablen Reichtümern hat nicht nur Bergleute, sondern auch naturkundige Besucher fasziniert. Einem Bericht des Nordhäuser Arztes Georg Henning Behrens aus dem Jahre 1703 verdanken wir einen lebendigen Eindruck vom Rammelsberg und seinem Hüttenbetrieb, von der Komplexität der Gesteine und vom Leben der Bergleute, der auch etwas von der Atmosphäre und den Nöten einfängt, die diesen intensiven Bergbau- und Hüttenbetrieb mit seinen chaotischen Stollen, den vitriolhaltigen Rinnsalen und den spitzen Hüten über den Pferdegöpeln der Förderschächte prägten (Abbildung 8). Seine im folgenden Auszug auftauchende umfängliche Liste von Gesteinen und Vitriolen basiert auf den Bezeichnungen der Bergleute, die der Vielfalt erstaunlich präzise zu Leibe rückten, was

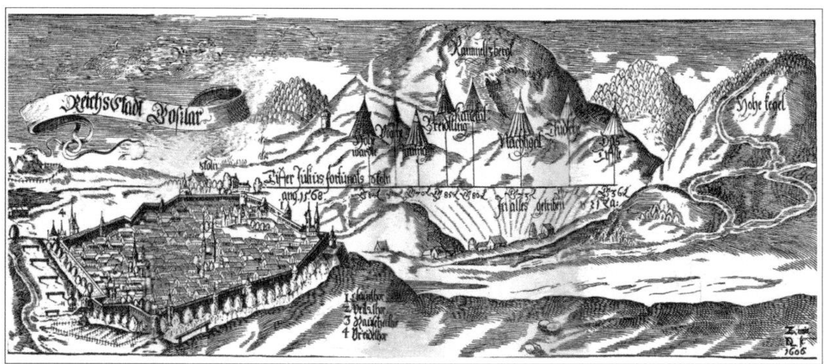

Abbildung 8: Goslar mit Rammelsberg. Kupferstich von Daniel Lindemeir nach einer Zeichnung des Zellerfelder Berggegenschreibers Zacharias Koch 1606. Bergarchiv Clausthal. Ein Gegenschreiber war Buchhalter und Kontrolleur der Ausgaben und Einnahmen, der die Verluste und Gewinne der Bergleute gegeneinander aufrechnete. Die mit Schindeln gedeckten Hüte sind Abdeckungen der Pferdegaipel oder auch Pferdegöpel. Dabei handelt es sich um eine von zwei oder vier Pferden gedrehte senkrechte Welle mit Seilkorb an seinem oberen Ende, dessen Seile über Seilscheiben als Übersetzung bis maximal 200 m tief in den Förderschacht führen.

ich in einer Gegenüberstellung mit der modernen Nomenklatur deutlich machen will. Nach einigen Zeilen hat man sich auch an den alten sprachlichen Duktus gewöhnt, der dem Gesagten die Aura eines Zeitzeugen verleiht, obwohl Behrens sehr viel von Ercker und Löhneiß abgeschrieben hat (In Klammern Begriffserklärungen und Umrechnung der Mengenangaben):

»Von dem bei Goslar gelegenen Rammels-Berge.
Der Rammel-Berg lieget gegen Mittag (Süden) an dem Ober-Hartz, nahe bei der Käyserlichen Reichs Freien Stadt Goslar, und ist ein sehr grosser, hoher und ausserhalb unfruchtbarer Berg, denn man darauf keine Tannen-Bäume, wie auff denen benachbarten Bergen, antrifft, sondern es ist derselbe nur mit Heidel-Beeren, grosser Heide, Breusel-Beeren (Preiselbeeren) und wenig Sträuchen bewachsen, vor sich nach Goslar zu, hat solcher keinen Berg mehr, hinten aber stösset er an die andern Hartz-Gebürge an, und ist in der Höhe wunderbarlicher Weise zerborsten, massen (weil) man über denen Ober-Gruben einen Riß siehet, der an etlichen Orten fast drei biß vier Ellen (ca. 1,50 – 2 m) weit, bei hundert Lachter lang (ca. 200 m), und so tieff ist, daß man auff den Grund nicht sehen

kan, welcher auch, derer Berg-Leute Bericht nach, von Jahren zu Jahren weiter werden soll…
Ob nun schon vor besagter massen der Rammels-Berg von aussen ein unfruchtbarer Berg ist, so hat er doch diesen Mangel mit seinem Ertz und Mineralien etliche hundert Jahr her reichlich ersetzet; denn man das Ertz darinnen in solcher Menge angetroffen hat, und noch findet, als wohl in einem Berge, allein in der Christenheit, biß auff diesen Tag nicht geschehen ist, derowegen auch Herr Georg Engelhard von Löhneiß im fünfften Theil seines Berichts vom Berg-Werck fol. 84 diesen Berg sehr rühmet, und saget: daß man dergleichen, aus dem so mancherlei Ertz und Gaben kommen, in Teutsch-Land nicht antreffen werde; Er redet aber nicht von einem reichen, grossen weitläufftigen Berg-Werck, das auff etliche Meilen begriffen ist, sondern nur von einem Berge, da das Berg-Werck, wie bei dem Rammels-Berge, so enge beisammen ist, daß man es mit einem Pirsch-Rohr (Handrohr, Flinte ohne Schulterstück, max. Reichweite 300 m) überschiessen kan.
Es werden aber aus dem Rammels-Berg nachfolgende Ertze und Mineralien gewonnen, nemlich
Glantz-Ertz (Akanthit, Silbersulfidkristall),
braun Blei-Ertz (unscharfer Begriff, meist mineralisiertes Blei auf schieferbraunem Grund, oft mit Eisen),
gemein Ertz (Erz mit hohem Eisengehalt),
weiß Kupffer-Ertz (unscharfer Begriff, Verwechslung mit Fahlerz möglich, einer komplexen Mischung vieler Metallsulfide mit hohem Kupferanteil. Das weiße Kupfererz enthält viel Kupfer mit etwas Arsen und Eisen),
gelb Kupffer-Ertz (stark schwefelhaltiges Kupfererz),
Kupffer-Kieß (Kristall Chalkopyrit, Kupfer-Eisen-Sulfid),
weisser Kieß (enthält Zinksulfid),
graue Gans (geschmolzenes Eisen),
Schmer-Ertz (butterweiches silberhaltiges Glanzerz, auch »unreifer Silberschlamm«),
rother Atrament-Stein, grauer Atrament-Stein (verhärtete Ausscheidungen von grünem Vitriol, rotem Eisenoxid oder grauem aluminhaltigem Alaun)
weisse Jöckeln (Zinkvitriol)
grüne Jöckeln (Eisenvitriol) oder
gediegen Victril (reiner weißer, grüner oder blauer Vitriol. Gediegen wird sonst nur für reine Metalle gebraucht),
weisse Blume (Kristall aus Zinkvitriol) oder

Victril, grüne Blume (Kristall aus Eisenvitriol),
grauer Kupffer-Rauch (Paste aus dem mürbem Gestein nach dem Feuersetzen, enthält Vitriole, Eisenoxide und Alaun),
gelber Misy (Eisenvitriol, grün, wird an der Luft oxidiert zu gelbem Vitriolocker. Mineral Copiapit. Bestandteil des Kupferrauchs. Misy kommt schon bei Plinius vor),
Ockergelb (Erde, Brauneisenstein, d.h. ein Sedimentgestein aus dem eisen- und wasserhaltigen Kristall Limonit, vermischt mit Kalk, Tonmineralien und Quarz),
Talg (Bergtalg, Erdwachs, Ozokerit, ein Gemisch aus verschiedenen Kohlenwasserstoffen wie Petroleum und Paraffin) und
Federweiß (strahliges Zinkvitriol);
hieraus werden allerhand Metallen und Mineralien gemacht, als Gold, davon doch die Marck (1/2 Pfund) Silber nur einen Heller hält (hier die Gewichtseinheit im Silberbergbau: 1/512 einer Mark), derowegen solches, weil es die Unkosten nicht abwirfft, von dem Silber ungeschieden bleibet, ferner Silber,
Kupffer,
Glött-Blei (Bleiglätte, Bleimonoxid),
Zinck,
Schwefel,
Gallmei (Kieselzinkerz, vor allem Zinkkarbonat),
Kobolt (Cobalt, ein silbrig schimmerndes Erz, häufig zusammen mit Wismut und Arsen. Es landete wegen seines giftigen Rauchs oft auf den Halden und wurde nicht weiter verarbeitet. Der Berggeist oder Kobold narrte mit einem täuschenden Erz, stahl Silber und hinterließ silbrig schimmernde Erze ohne Wert. Als Element ist Cobalt erst 1735 dargestellt worden. Sein Vorkommen mit Wismut wurde geschmolzen und zur Blaufärbung von Gläsern verwandt),
blau und weisser Victriol (Kupfersulfat und Zinksulfat),
auch andere mehr.

Hingegen sind die Rammelsbergischen Ertze so feste, das sie mehrentheils weder mit Gezän (die Gesamtheit der Werkzeuge im Bergbau) oder Instrumenten noch mit Schiessen (durch Sprengen) können gewonnen werden, derohalben solche die Berg-Leuthe mit Feuer besetzen (durch Feuer im Stollen das Gestein mürbe machen), welches denn sehr wohl hebet, weilen das Ertz in dem gantzen Berg sehr klüfftig ist, und das Feuer also leicht an die Klüffte kan gesetzet werden. Von solchem Feuer-Setzen ist die Hitze so groß in denen Gruben, daß die Berg-Leuthe ihre Arbeit an etlichen Orten nackend verrichten müssen, zumahl, da das Wasser in dem Rammels-Berge sehr vitriolisch, und so scharff ist, daß es ihnen Kleider und Schuhe zerfrisset, wenn sie solche anziehen. Nichts desto weniger wird das Wasser vor die Beschwerung des Magens und andere Kranckheiten von etlichen hart genaturten Menschen getruncken, weilen es hefftig purgiret (abführt), und ihnen also zum öfftern mehr schädlich als nützlich ist, geschweige daß solches einen überaus heßlichen Geschmack hat, und dieserwegen nicht wohl in den Mund kan genommen werden, auch die Fische aus der Ocker vertreibet, wie ich im IV. Capitel albereit erinnert habe.

Vor Zeiten hat man in dem Tieffesten derer Gruben Sümpffe gehabt, darein dieses Wasser gefallen; wenn man nun in solche Sümpffe eiserne Stäbe geleget, hat das Wasser das Eisen verzehret (angegriffen), und sich herum eine Materie, gleich einem Rost, gesetzet welcher endlich zu gutem Kupffer worden, aus dem man das annoch übrige Eisen, wie ein Schwerdt aus der Scheide, hat ziehen können. Es sind zwar solche Oerter nunmehro wieder verfallen, doch hat das Wasser die Krafft, das Eisen in wahrhafftig Kupffer zu verwandeln biß hierher behalten (Der Arzt Behrens war also der Auffassung der Alchemisten, dass sich Metalle ineinander verwandeln können, was nicht die Meinung der Bergleute war). Sonst setzet sich von diesem Wasser an dem Ort wo dasselbe durch den Stollen fliesset am Gezimmer und in der Wasser-Seige (Rinne zur Wasserableitung), ein gelber Slich oder Schlamm an etlichen Orten fast Hände-dicke, an, welcher Ockergelb genennet, und daraus eine braune und rothe Farbe gemacht wird.

Inwendig ist der Rammels-Berg, nachdem er nunmehro viele hundert Jahre hero gebauet worden, in solche grosse Weiten ausgehauen worden, daß es daselbst sehr gefährlich zu arbeiten ist, zumahl, da die Weiten so hoch sind, daß man mit keinem Holtz zu Hülffe kommen kan. Wenn nun daselbst die Ertz-Wände herein gehen, wie offt geschiehet, nehmen die Arbeiter Schaden, und zerschlagen solche, was sie antreffen; derowegen die Berg-Leuthe zu Goslar, in der hart am Thor gelegenen S. Claus-Kirche wöchentlich zweimahl des Morgens frühe durch eine Predigt vermahnet werden: daß sie sich in solcher Gefahr GOtt befehlen sollen; allein, es ist ein verwegen Volck, das solches wenig achtet, denn wo der Priester ein wenig zu lang prediget, und unterdessen das Stadt-Thor auffgehet, lauffen sie mehrentheils alle davon und lassen den Prediger allein stehen, alsdenn derselbe von sich selbst wohl auffhören muß, welches Lob die-

sen Arbeitern wohl-gedachter Löhneissen im fünfften Theil seines Berg-Wercks-Buches fol. 79 giebet.
An denen Orten aber, wo man darzu kommen kan, ist der Rammels-Berg mit Holtz genugsam unterbauet, und sagen die Berg-Leuthe, so darinnen arbeiten: daß in dem Berge mehr Holtz, als in der Stadt Goslar, verbauet sei, wie man denn auch in dem Rammels-Berge etliche Weiten oder Oerter findet, welche die Alten mit starckem Eichen-Holtz ausgezimmert haben, damit, wenn sich der Berg setzen würde, er darauff ruhen könte, und ist dasselbige Holtz so schwartz und hart worden, daß auch das Werck-Zeug darinnen verdorben wird, wenn man es arbeiten will, derowegen der Berg daselbst hiervon eine gute Berg-Festung hat. Nichts weniger haben die Alten an andern Oertern dieses Berges, nemlich wo die Wasser-Kunst anjetzo hänget (Stelle, an der mit Pumpen die Stollen entwässert wurden), grosse und hohe Gewölbe mit Kalck mauren lassen, davon etliche doppelte Bogen über einander haben, und dieses zu dem Ende, damit ihre Heinzen (Wasserhebemaschine mit Endlosseil und Schöpfeimern), so zu der Zeit alldar gehangen, für dem Wände-Einfallen daselbst sicher sein möchten, welches viel muß zu bauen gekostet haben.
Dieser Rammels-Berg hat viel Gruben, es werden aber nicht alle gebaut. Merck-würdig aber ist es, daß man aldar eine alte verlegene Grube antrifft, welche die Teuffels-Grube heisset, und dies dahero, weil, wie man sagt, der Teuffel neben andern Gewercken darinne soll gebauet, sein Geld wöchentlich für (vor) die Grube geleget, und sein zugemessen Ertz weggebracht haben. Als aber einesmahls die Gewercker nicht recht mit demselben das Ertz getheilet hätten, sei die Grube von ihm über einen Hauffen geworffen worden, und habe biß auff den heutigen Tag ihren Nahmen von dem Teuffel behalten.«[10]

Der Hüttenfachmann Lazarus Ercker beschrieb die Qualität des Wassers, das aus dem Rammelsberg drückt und stark vitriolhaltig ist, noch etwas genauer als der Arzt Behrens: »Das Wasser, so die Kunst (Wasserpumpen) aus dem Rammelsberge zeucht [zieht], ist ein sehr scharff vitriolisches Wasser, daß man auch könnte Vitriol daraus sieden…« Das Wasser, das aus den Stollen fließt, gerät in einen Bach, der deshalb Abzucht heißt und eine Viertel Meile unterhalb von Goslar in die Ocker fließt, »daß die Ocker in zweyen Meilen keinen Fisch trägt, und so die wilden Enten darauf fallen, werden sie lahm, daß sie nicht mehr fliegen können, und mögen mit den Händen gegriffen und gefangen werden«. Die Vitriole, die wie Tropfsteine aus den Stollenwänden »wachsen«, sind von bläulich grüner Farbe und würden von Ausländern Galitzenstein genannt. Der grüne stehe für Eisenvitriol, der blaue für Kupfervitriol. Später bezeichnete man mit Galitzenstein nur noch die im Rammelsberg sehr häufigen weißen Zinkvitriole, die die Gerber brauchten.

Kupferrauch, Atramentstein, Jöckel und die vitriolhaltigen Grubenwasser machten den Rammelsberg zu einem einzigartigen unterirdischen Theater chemischer Prozesse, die die Bergleute nicht gewollt, aber doch angestoßen hatten. Sie konnten beobachten, auf welchen Wegen und in welchen Zeiträumen sich bestimmte Vitriole bildeten, wie Kristalle entstehen und wie sich Eisen- und Kupfererze unter der Einwirkung von Vitriolen und der Hitze in den Stollen verändern. In den Tiefen des Berges durchliefen sie die hohe Schule der Natur, die sie in der Weiterverarbeitung vitriolhaltigen Gesteines auf den Halden und in den Rösten fortsetzten, wo sie die im Berg beobachteten Prozesse imitierten und durch gelegentliches Eingreifen beschleunigten. Diese farbigen Vitriole kann man heute noch im Rathstiefsten Stollen aus dem 12. Jahrhundert besichtigen, der als Wasserlösungsstollen eindringendes Grubenwasser ableiten musste und bis Ende des 19. Jahrhunderts benutzt wurde.

Auf den Halden zersetzte sich unter dem Einfluss von Wasser, Sauerstoff und Bakterien, abhängig von Temperatur und Feuchtigkeit, der Hauptbestandteil des Rammelsberger Kieses, das Mineral Pyrit (FeS_2), in Eisensulfat und über weitere Zwischenstufen schließlich zu Eisenoxid (Fe_2O_3) und Wasser, wobei aus den Halden eine schon leicht vitriolisierte Brühe mit Eisen-, Blei- und Zinksulfat meist unkontrolliert ins Erdreich oder in angrenzende Bäche floss. Bei der Verwitterung der Metallsulfide entstand auch Brauneisenstein als Gemisch verschiedener hydratisierter Eisenoxide und schied sich gelegentlich aus der Brühe als rostfarbene Decke im Bachbett ab.

Die verwitterten Haldenstücke wurden nach Größen getrennt, unbrauchbares Gestein wie Quarze aussortiert, der Rest ausgewaschen und gesiebt, das alles bevor man an eine gezielte Weiterverarbeitung zu Vitriolen, Eisen, Kupfer, Blei und Zink gehen konnte. Nur die Kiese durchliefen das schon beschriebene volle Programm. Bei Kupferrauch und Atramentstein war ein Rösten nicht nötig. Jöckel brauchten kein Rösten und kein Auslaugen, und Grubenwasser wurde nur gesotten und gleich in die Fässer zur Kristallisation gegeben.

Die Weiterverarbeitung der vitriolhaltigen Gesteine *Atrament und Kupferrauch* aus dem Rammelsberg erforderte sehr viel mehr Aufwand als das Grubenwasser und die Jöckel. Ihn hat Ercker schon 150 Jahre vor

Schlüter so genau beschrieben, dass daraus das vorhandene Wissen über das Kristallisationsverhalten von Salzen erschlossen werden kann. Die Gesteine des Kupferrauchs und des Atraments wurden erst zerkleinert, dann in Wasser aufgelöst, das sich nicht lösende Erz aussortiert, die verbliebene Lösung in Bleipfannen eingesotten und anschließend in Fässer umgefüllt, in denen der Vitriol auskristallisierte. Dann lief die Lauge ab, und der jetzt trockene Vitriol war versandfertig. Diese knappe Schilderung fördert allerdings das Wissen um die Kristallisation von Salzen noch nicht zu Tage, das sich hinter den einzelnen Schritten der handwerklichen Praxis verbarg. Ercker gibt in seiner kleinen Schrift *Vom Rammelsberge* einen Eindruck davon:

»Diese Victril (Vitriol) Erde oder Kupffer-Rauch zergehet im Wasser, daß nichts davon bleibet, denn ein schwarzer Schlamm. Etliche schreiben, daß man das Ertz, daraus Victril gesotten, auf die Hütten führet und Bley und Silber daraus schmeltzet. Das ist unrecht, denn der Kupffer-Rauch kein metallisch Ertz in sich hat (im Kupferrauch liegen die Metalle als Sulfide, Sulfate oder Oxide vor, H.V.). Und so der Kupffer-Rauch in das Victril Haus gebracht wird, sind Knechte dazu verordnet, die haben von höltzernen Schienen kleine geflochtene Körbe, darin thun sie des Kupffer-Rauchs oder Victril Erden fast ein Trog voll, und haben eine große Bütten mit Wasser vor sich und rüttel und schütteln den Korb hin und wieder im Wasser, so fällt und zergeht die Victril Erde oder Kupffer-Rauch durch die Löcher des Korbs im Wasser. Was guter Kupffer-Rauch ist, der zergehet, aber was im Korbe bleibt, das ist klein Erzt, das unter dem Kupffer-Rauch im Berge gerührt ist. Dasselbige Erzt wird gesondert, das grobe allein und das kleine allein. Das kleine wird in einer Wäsche in einem Durchlaß sonderlich gewaschen, da es rein wird. Das grobe Erzt nennen sie Victril klein, das ist aber Ertz gleich dem andern Rammelsberger Ertz. Solches führet man auf die Schmeltz-Hütten und werden von solchen Victril klein und kern die rohen Röste gedecket (die Röstpyramide, H.V.), wie hernach folgen wird, wiewol man das Ertz aus dem Victril Haus nicht gern auf den Hütten nimt. Sie sagen, es habe von dem Kupffer-Rauch eine Schärffe nach Länge der Zeit in sich gesogen, das sich nicht weg wil rösten lassen (die Vitriole, H.V.), und solle nicht so viel Bley und Silber geben als andere Ertze, welches wol zu glauben, der Victril calcionirtet sich darin und verbrent sich nicht, und daß dann derselbe calcionirte Victril im Schmelzen Schaden thut« (der Vitriol wird kalziniert, das heißt durch Erhitzen entwässert, aber nicht zersetzt. H.V.).

Abbildung 9: Der Vitriolhof am Vititor in Goslar. Es ist das Gebäude vorne links außerhalb der Stadtmauer, aus dessen Dach, nur schwach erkennbar, Rauchschwaden quellen. Sie enthalten bei vorsichtigem Sieden der Vitriole nur Wasserdampf. Wurde zu stark und zu lange bis über den völligen Wasserverlust hinaus gefeuert, zersetzte sich das Eisensulfat und entließ giftige Dämpfe von Schwefeltrioxid und Schwefeldioxid. Tintenzeichnung nach einem Aquarell von Landgraf 1804. Carl Wolff, Die Kunstdenkmäler der Provinz Hannover II, Goslar 1./2. Hannover 1901 , S. 227.

Nachdem sich der Vitriol durch das Rütteln und Schütteln des Korbes im Wasser aufgelöst hatte, wurde er in 36 Zentner schweren Bleipfannen eingesotten. Die Hüttenleute wussten, wie lange und wie stark sie sieden mussten: der grüne Eisenvitriol mit Restkristallwasser ist in Lösung schmutzig gelb, völlig seines Kristallwassers beraubt, zerfällt er bei zu großer Hitze in Eisen(III)oxid, Schwefeldioxid und Schwefeltrioxid und nimmt die rote Farbe von rostigem Eisen an. Das hätte die weitere Destillation zu Schwefelsäure verhindert. Die Vitriole, deren Kristalle in ihrer Struktur noch Wasser gebunden hatten, gingen aus der Goslarer Vitriolsiederei an die Oleumbrenner in Nordhausen, die aus ihnen ihre berühmte rauchende Schwefelsäure destillierten.[11]

Im herzoglichen Vitriolhof am Vititor (Abbildung 9) außerhalb der Stadtmauern von Goslar wurde der Beginn des Siedens bereits zu Schlüters Zeiten Anfang des 18. Jahrhunderts von einer Messung des »Laugengewichts« in den Laugenbütten abhängig gemacht, ein Maß für die Menge der gelösten Salze. Schlüter verlangte, dass das Wasser »20 bis 25 Loth halten« müsste, darunter lohne sich das Sieden nicht. Um das zu probieren, nahm er zwei Gefäße gleicher Größe, eines gefüllt mit Wasser, das andere mit der Lauge, und wog sie aus. Das Gefäß mit der Salzlösung war natürlich schwerer: 1 Loth entsprechen ca. 18 Gramm, bei 20 Loth waren demnach 360 Gramm Salz in der Lösung seiner vorher selbst geeichten Gefäße. Auf Werte anderer war bei dem Durcheinander von Maßeinheiten kein Verlass. Schlüter und mit ihm die Praktiker des Vitriolhofes in Goslar wussten auch um die Temperaturabhängigkeit der

Löslichkeit von Salzen, da beide Gefäße im Test die gleiche Wärme haben sollten.

Man dürfe, sagt Schlüter weiter, den Vitriol auch nicht zu lange in den Setzfässern liegen lassen, weil dann die Lauge den bereits gebildeten Vitriol angreife. Man erkenne das daran, dass »der angeschossene Vitriol kleine zarte Löcher« bekomme »und die Crystallen nicht mehr so glatt, als wann sie polirt wären, aussehen«. Das müsse man wohl observieren und die Arbeit danach richten.[12] Die Verfärbung und teilweise Zerstörung der Vitriolkristalle sind darauf zurückzuführen, dass sich Schmutzpartikel anlagern und die Vitriole wieder langsam in Lösung gehen.

Das nun folgende Sieden der ausreichend gesättigten Laugen war ein langwieriger Prozess, bei dem an einem Tag und in einer Nacht vier Festmeter Holz verfeuert wurden. Nach 24 Stunden war, wie Ercker berichtet, die erste Probe auf Kristallisationsfähigkeit der Lauge fällig. In einem großen Holzlöffel ließ man den Sud erkalten und beobachtete, ob Vitriole »anschießen«, d.h. als Salz auskristallisieren:

»So der Soed recht ist, so pflegt es bald anzufahen zu schießen. So sie die Probe recht haben, so schlagen sie die heisse Lauge in eine andere bleyerne Pfanne, darinne muß sie in wenig erkühlen, und es wird Tag und Nacht mit einem Soed gemacht so viel Lauge, daß 13 Centner Victril davon wachsen (auskristallisieren). Dieselbige gesottene Lauge die täglich gesotten wird, wird in eichene Bütten geschlagen, darinne der Victril wächset, der sind bey 28, und nehmen aus zwo Bütten 13 Centner Victril, und es wächset der Victril also: Ueber die Bütten oder Victril-Fässer werden starke Stäbe von Holtz geleget, darein sind Löcher gebohrt, darin stecken Rohr, das auf den Teichen wächset, daß sie gar nicht auf den Boden rühren, beyläuffig 24. Wenn nun die Lauge beginnet kalt zu werden, so wächset der Victril an das Rohr dick umher. In dem Winter wächset er lieber, dieweilen es kalt ist, das Victrilwachsen wil Kälte haben…«

Ercker beschreibt hier eine raffinierte Methode, die Oberfläche in den Bütten zum Auskristallisieren zu erhöhen und viele zusätzliche Kristallisationskerne zu erzeugen. Eine Art Lochplatte bedeckt die Bütte, durch die Schilfrohre geschoben werden, »beyläufig 24«, an denen sich der Vitriol besonders dann anlagert, wenn es kalt ist. Man packt den auskristallisierten Vitriol in Fässer um, lässt die Lauge ablaufen und hat versandfertiges Salz. Der grüne Vitriol (Eisensulfat) wurde außer von den Nordhäuser Oleumproduzenten vor allem von Färbern zum Beizen von

Wolle und von Gerbern zum Schwarzfärben von Leder benötigt. Der weiße Zinkvitriol ging an die Gerber, die mit ihm Felle enthaarten und Leder beizten. Der blaue Kupfervitriol wurde für eine tiefschwarze Lederfarbe unter Eisenvitriol gemischt, mit Gips zu einer blauen Wandfarbe verarbeitet oder zum Blaufärben von Gläsern verwendet.

Der Umfang des Handels mit Vitriolen war schon Anfang des 16. Jahrhunderts beträchtlich und erfolgte über weite Strecken. Zu Erckers Zeiten Ende des 16. Jahrhunderts verließen ca. 600 bis 700 Tonnen Vitriol pro Jahr die herzogliche Siederei in Goslar. Die Geschäfte des Leipziger Fernhändlers Heinrich Cramer brachten den Goslarer Vitriol bis nach Braunschweig, Lüneburg und Hamburg, und sie wurden in Verträgen mit mehreren Jahren Laufzeit festgehalten, 1523 z.B. mit den Braunschweigern über die Lieferung von mindestens 100 Fass oder 1200 Zentner pro Jahr für drei Jahre. Üblicherweise wurde sowohl die Qualität der Fässer, in denen der Transport erfolgte, als auch die Qualität des Vitriols (»wolgesoten«) vertraglich festgelegt und »lauter rein Kaufmannsgut« verlangt. Manchmal haben sich die Vertragskontrahenten übernommen und verlangten den Rücktritt vom Vertrag, z.B. wenn wie in den Niederlanden der Krieg mit den spanischen Besatzern die Geschäfte der Gerbereien und Färbereien zum Erliegen brachte oder die Städte als Vertragspartner zahlungsunfähig geworden waren. Das Beispiel soll nur zeigen, wie eng verflochten, weit gespannt und voneinander abhängig die handwerkliche Produktion weit vor der Industrialisierung schon gewesen ist.[13]

Oleum – Vitriolöl – rauchende Schwefelsäure

Die in Gerbereien und Färbereien begehrten Vitriole waren auch der Grundstoff zur Herstellung des Vitriolöls, einer hochkonzentrierten rauchenden Schwefelsäure. In Nordhausen, rund 50 km Luftlinie südöstlich von Goslar, stand für lange Zeit die einzige Vitriolölsiederei, die das weit über die Landesgrenzen hinaus bekannte Oleum produzierte und verkaufte. In der Literatur wird Nordhausen häufig nur als Handelsplatz für Oleum genannt, aber es gibt einen Zeugen, der ihre Produktion am Ort eindringlich schildert. Es ist Gottfried Erich Rosenthal, 1745 in Nordhausen als Sohn eines Bäckermeisters geboren und dort 1813 als Herzoglicher Bergkommissarius im Herzogtum Sachsen-Gotha gestorben. Er hat sich als Feldmesser betätigt, meteorologische Studien betrieben und mit Goethe korrespondiert und, was hier interessiert, 1804 einen Traktat über die Kunst, Vitriöl und Scheidewasser zu destillieren, verfasst.[14]

»Daß das Nordhäuser Vitriol-Öl und Scheidewasser seit länger als 125 Jahre bekannt sind, und daß auch alle chemischen Schriftsteller, sie für die vorzüglichsten erkannt haben, ist weltkundig. Es wird aber immer unerklärbar bleiben, wie gemeine Bürger, wie die ältesten Wasserbrenner waren, diese chemische Fabrik, wo nicht erfunden, doch die Güte ihrer Produkte diesselbe in einen solchen Schwung bringen, und gleichsam durch die Güte ihrer Waare, den Alleinhandel in ganz Deutschland so lange Jahre haben behaupten können«.

Normalerweise destillierte der Wasserbrenner den Nordhäuser Korn, diese hier brannten Vitriol zu Oleum, zur hoch konzentrierten rauchenden Schwefelsäure. Rosenthal nennt Namen aus der Befragung der beiden Wasserbrenner-Familien und ist sich sicher, dass Oleum in Nordhausen schon vor 1682 gebrannt wurde, als in Wien die Pest wütete und der alte Breyning mit Oleum dorthin gefahren sei.

Als 1740 (nach anderen Angaben 1743) der Königlich-Preußische Bergrat Johann Christian Barth – eigentlich war er Advokat und der Bergrat nur ein Ehrentitel – in Großenhain in Sachsen aus Indigo und Oleum einen wasserlöslichen Farbstoff herstellte, der als sächsisch Blau und sächsisch Grün zum Färben von Wolle und Seide verwendet wurde, war die Nachfrage nach Oleum sprunghaft gestiegen, auch deshalb, weil die Wollfärber von Norwich das geheime Verfahren von wem auch immer gekauft hatten und 1748 in England patentieren ließen.[15] Es handelt sich um genau die Jahre, in der John Roebuck in Birmingham und Schottland die ersten Bleikammern zur Gewinnung von Schwefelsäure in Betrieb nahm, und es löste einen ersten Schub für die Bleikammerproduktion der »englischen Schwefelsäure« aus, noch bevor 1756 mit der Schwefelbleiche nach der Veröffentlichung der *Experiments on Bleaching* des Francis Home in großem Stil begonnen worden war.

Die beiden Wasserbrenner und Oleumproduzenten aus Nordhausen stellten von der Destillation im Labor, die sie bisher auf Scheidewasseröfen vorgenommen hatten, auf fabrikmäßige Destillation in speziellen Oleumöfen um, und einer von ihnen, Franz Christian Heinrich Fischer, reiste zum Verkauf der Ware persönlich nach Venedig und Triest. Der Gewinn betrug selbst dann noch 100%, als der Preis wegen steigender Konkurrenz bereits gefallen war. Die Nordhäuser »Brennknechte« wurden ins Ausland abgeworben – Rosenthal nennt sie Apostel – und das Verfahren verbreitete sich schnell nach Böhmen und Österreich. Fischer muss ein ziemlich ungehobelter Kerl gewesen sein, wie Johann Georg Meusel schreibt, dessen anonymer Autor v. Br. (möglicherweise der niederrheinische Aufklärer Engelbert vom Bruck) ihn 1761 besucht hatte:

»Franz Christian Fischer, ein Wasserbrenner zu Nordhausen, der *Oleum Vitrioli* brannte etc. und damit viel Geld gewonnen hatte, wovon er einen Theil anwendete, seine Begierden zu befriedigen, und den andern, ein ansehliches Kapital zu erwerben. Beydes ist ihm gelungen. Sein Äußerliches war bäurisch, so wie seine Sprache und seine Sitten. Er hatte rothe Haare, wusch sich sehr selten, und würde nirgends zugelassen worden seyn, hätte ihm nicht sein Geld die Fähigkeit erworben, überall zu erscheinen. Sein Weib hatte er zu Trunk verführt, und sie, mit ihrer vollkommenen Zufriedenheit, von aller Theilnahme an den häuslichen Geschäften entfernt. Seiner einzigen Tochter hielt er eine sogenannte Gouvernante. Er selbst that, was ihm gelüstete, und seine Lüste waren Laster.«[16]

Fischer wäre um ein Haar ums Leben gekommen, als er auf der Kellertreppe eine Flasche Vitriolöl zerbrach und sich gerade noch in eine Brunnenröhre retten konnte. Das habe ihn zu Gott gebracht, aber er wurde dadurch nicht sauberer, sondern es »blieb dieser an sich häßliche Tölpel in seiner Unzierde und seinem Schmutze immer der nämliche«. Der feine Herr v. Br. hatte offensichtlich große Schwierigkeiten, einen schmutzigen Vitriolbrenner mit dessen sichtbarem Reichtum zusammen zu bringen.

Jedenfalls waren die berühmten Nordhäuser Oleumbrenner einfache, aber durch ihr Geschick reich gewordene Leute in einer 8000-Einwohner-Stadt mit 100 Kornbrennereien.

Ausgangsprodukt für Oleum war das Goslarer Eisenvitriol. Es wurde in einem eigens konstruierten Flammofen eingeschmolzen und zu Oleum destilliert. Die Ofenbeschreibung Rosenthals entspricht in seiner äußeren Erscheinung am ehesten einem sächsischen Schwefelläuterofen, den Schlüter in seinem Buch von den Hüttenwerken vorgestellt hat (Abbildung 10, Seite 42). In Nordhausen bestand die Decke des Ofens aus Ziegeln, die handbreit mit Leim vollkommen abgedichtet waren und die wieder entfernt wurden, um die Retorten nach dem Brand entnehmen zu können, während der »Galeerenofen« bei Schlüter eine fest gemauerte Decke besaß. Vorne und hinten wurde mit zwei Luftlöchern der Zug des Ofens geregelt. Hier sind dafür acht Luftlöcher auf der Abdeckung vorgesehen, und es gibt einen Aschenfall unter dem Rost, der in Nordhausen fehlte. Der Ofen war 6 m lang, 70 cm breit und ebenso hoch. Außen, den Längsseiten entlang lief, wie auch hier, eine Holzbank, die die acht Rezipienten des Oleumdestillats auf jeder Seite tragen mussten. Die Nordhäuser Wasserbrenner wollten vor allem verhindern, dass mit einer unkontrollierten Luftzufuhr die rund fünf Liter Vitriol fassenden Retorten aus Ton in zu stark lodernden Flammen des Feuers zerspringen. Die vordere und hintere Ofenmauer war rund 60 cm dick, die Längsseiten die Hälfte. Mit dem dicken Mauerwerk konnte die Hitze im Gestein lange auf einem gleichbleibenden Niveau gehalten werden, ohne dass gefeuert werden musste.

Dieses Grundmuster eines Galeerenofens war schon seit Ercker wohl bekannt. Er fand sich in Probierstuben und Apotheken, und der Arzt und Chemiker Johann Christian Bernhardt beschrieb 1755 einen solchen Ofen, in dem er in einer Art Scheune in insgesamt 24 Retorten und Vorlagen größere Mengen Schwefelsäure aus Eisenvitriol herstellte (Abbildung 11, Seite 43). Der Ofen war mit einer Länge von 6 Ellen und einer Breite von 2 Ellen (1 sächsische Elle ca. 57 cm) nur halb so groß wie der Ofen in Nordhausen.[17] Der Doktor Bernhardt, über dessen Leben wir praktisch nichts wissen, wird allgemein als der Erfinder dieses großmaßstäblichen Verfahrens dargestellt. Er war es aber nicht, wie Rosenthals Schrift zu den Oleumfabrikanten Nordhausens beweist. Bernhardt hat sich mit demselben Problem zerspringender Retorten herumgeschlagen und viel Zeit darauf verwandt, in der Umgebung von Chemnitz geeigneten Sand und Ton zum Brennen der Retorten zu finden. Seinen Vitriol bezog

Nro XVI.
G
E
F
C
D
A
B
Maass Staab von
Fuess.

Abbildung 10 (links): Sächsischer Schwefelläuterofen, der in den Grundzügen dem Nordhäuser Oleumofen entspricht. Erklärung im Text. Christoph Andreas Schlüter, Gründlicher Unterricht von Hütte-Werken, Braunschweig 1742, S. 40, Tafel XVI.

Abbildung 11 (unten): Galeerenofen. Johann Christian Bernhardt, Chymische Versuche und Erfahrungen, auß Vitriole, Salpeter, Ofenruß, Quecksilber, Arsenik, Galbano, Myrrhen, der Peruvianer Fieberrinde und Fliegenschwämmen Kräftige Arzneyen zu machen. Leipzig 1755.

er aus der Nähe von Beierfeld bei Aue im Erzgebirge und hat bedauert, dass man dort die Vitriollauge, die aus den Schwefel- und Vitriolgruben gefördert werden, einfach weglaufen ließ, statt sie in einem großen, mit Lehm abgedichteten Teich zu sammeln. Aus drei Gründen: erstens würden die Bauern ihre Felder, die sie mit dem vitriolhaltigen Wasser versorgen, eine bessere Ernte haben, zweitens gäbe es kein Fischsterben mehr und drittens könnte man dazu beitragen, die Nachfrage der Hersteller von sächsisch Blau und Grün zu befriedigen, des schon genannten blauen Farbstoffes, den man erst seit neun Jahren durch Auflösung von Indigo in Vitriolöl gewann und der unter Lichteinwirkung in Grün umschlagen konnte. Bei der Destillation des Vitriols zur rauchenden Schwefelsäure ging Bernhardt ganz ähnlich vor wie die Nordhäuser Oleumproduzenten.

Der von der Vitriolsiederei in Goslar nach Nordhausen gelieferte auskristallisierte Vitriol wurde in fünf Liter fassenden Retorten aus Ton auf dem Ofen unter Umrühren eingeschmolzen und zu einer festen Masse verbacken. Dann zerschlug man die Retorten, deren Scherben sich leicht vom verhärteten Vitriol lösten, portionierte ihn in haselnussgroße Stücke, legte kleinere Stücke zur Produktion von Scheidewasser zur Seite und füllte die groben in 16 Retorten, von denen acht auf jeder Seite wie auf Schlüters Abbildung in den Ofen gelegt wurden. Jede Retorte enthielt 20 Pfund haselnussgroßen Vitriol. Anschließend erfolgte die Abdeckung des Ofens mit Ziegeln und Leim. Die durch die Hitze entstandenen Risse in der Leimdecke mussten im weiteren Verlauf ständig ausgebessert werden, um den Ofen warm zu halten.

Man machte erst »ganz gemächlich Feuer«, bis »Spiritus vitrioli«, die Geister des Vitriols, in die Vorlage tröpfelten. Es war stark verdünnte Schwefelsäure, die sechs bis sieben Stunden lang immer wieder in einen Topf entleert wurde, der für Scheidewasser vorgesehen war. Erst wenn sich ein weißlicher Rauch in den Vorlagen ausbreitete und sich Schwefelgeruch bemerkbar machte, wurden die Verbindungen zwischen Retorten und Vorlagen mit Leim abgedichtet (»verlutiert«) und peinlich darauf geachtet, dass »die Dämpfe zum Schaden der Gesundheit des Arbeiters und zum Nachtheil des Brennherrn nicht verlohren gehen«. Dann wurde 48 Stunden lang bis zum Weißglühen der Retorten gefeuert, was der Flammofen hergab. Über die Behandlung des Objekts der Begierde, das in die Vorlagen übergegangen war, schweigt sich Rosenthal aus, macht aber eine interessante Rechnung auf: Es waren nur zwei Arbeiter an drei Öfen beschäftigt, die Kosten für den Holzverbrauch übertrafen deren Arbeitslohn um das Doppelte, und der Gewinn aus den drei Öfen war mehr als 200 Prozent.

In der Vorlage, den Recipienten, befand sich eine bräunliche, ölige Flüssigkeit mit stechendem Geruch durch stoßweise abgegebene weißgraue Dämpfe, die rauchende Schwefelsäure. Wird sie kälter als 10° C, kristallisieren sich erst weiße Klumpen, schließlich wird sie fest und hieß dann *Oleum vitrioli glaciale*. Der Rückstand in den Retorten war eine rotbraune erdige Masse aus Eisenoxid, Resten des Eisensulfats aus dem Vitriol und geringen Mengen verschiedener Metalloxide, das sog. *Caput mortuum* (Totenkopf), dessen schwarzrote Pigmente als Farbe Verwendung fanden.[18] Modern gesprochen handelt es sich beim Oleum um eine stark ätzende Lösung von Schwefeltrioxid (SO_3) in Schwefelsäure (H_2SO_4). Die weißen Nebel aus Schwefelsäuretröpfchen entstehen aus dieser Mischung wegen ihrer stark Wasser anziehenden (hygroskopischen) Eigenschaft bereits bei Kontakt mit der Luftfeuchtigkeit. Oleum muss zur Verdünnung vorsichtig in eiskaltes Wasser getropft werden, ansonsten kann es explodieren.

Die konkurrenzlos hohe Konzentration des Oleums von Nordhausen wurde vor allem durch zwei arbeitsaufwändige Manipulationen erreicht: durch das Abschöpfen des »Spiritus vitrioli«, des ersten noch sehr wässrigen Destillats bei mäßigem Feuer, und durch die hermetische Abdichtung des Ofens und seiner Nahtstellen zu den Retorten und Vorlagen unter scharfem Feuer. Das zweistufige Vorgehen resultierte in drei Endprodukten mit unterschiedlichen Verwendungsmöglichkeiten: schwach konzentrierte Schwefelsäure, hoch konzentrierte Schwefelsäure und Farbpigmente aus Metalloxiden. Sie waren allesamt eine begehrte Handelsware. Nordhäuser Vitriolöl war europaweit unübertroffen und wurde zum Namensgeber des hochkonzentrierten Oleums.

In Nordhausen hatte man für sie keine direkte Verwendung, aber die Branntweinspezialisten der Oleumproduktion haben mit demselben Ofen und unter Ausnutzung der im Mauerwerk nach dem maximalen Feuer der Oleumdestillation gespeicherten Hitze noch andere Produkte destilliert, für die sie teilweise Oleum oder Spiritus vitrioli benötigten, Reaktionen wie in einem Labor, nur eben in einem großen und mit großen Mengen. Das hat Rosenthal fasziniert, und er fand es deshalb interessant, weil hier »gemeine Bürger« und Handwerker eine breit gestreute hochwertige Fabrikation um ein einziges Ausgangsprodukt und um eine gemeinsame Energiequelle mit der bereits vorhandenen Grundausstattung an Arbeitsmitteln konzentrierten, was zum Charakteristikum der Chemieindustrie werden sollte. Die Nordhäuser Liste Rosenthals enthält neben anderen mit Salzsäure, Schwefelsäure, Salpetersäure, Kaliumkarbonat und Ammoniumhydroxid schon alle Substanzen, mit denen die Chemieindustrie in das 19. Jahrhundert gestartet ist:

Spiritus salis communis (Salzsäure). Zusammen mit Salpetersäure Verwendung als Königswasser, das Gold löst;
Sal mirabile Glauberi (Glaubersalz, Natriumsulfat). Herstellung in Apotheken. Verwendung als Abführmittel;
Spiritus tartari (Weinsteingeist. Mischung aus Kalium- und Calciumsalzen der Weinsäure). Wurde üblicherweise in Apotheken durch trockene

Destillation des gebrannten Weinsteins hergestellt. Schweißtreibendes Medikament;
Spiritus vitrioli (verdünnte Schwefelsäure). Mit Salpeter zur Herstellung von Scheidewasser;
Spiritus cornu cervi (Hirschhorngeist, auch Salmiak. Ammoniumhydroxid, die wässrige Lösung von Ammoniak (NH_3). Trotz des Namens oft hergestellt durch trockene Destillation von Knochen). In Apotheken als schweißtreibendes Mittel;
Oleum philosophorum (auch Oleum lateritium, Ziegelöl, entsteht durch Destillation fetter Öle – hier Leinöl – mit Ton oder Ziegelmehl, das wie Harnsäure aussieht). Wahrscheinlich deshalb ein Öl zur äußeren Anwendung gegen Gicht;
Arcanum duplicatum (Kaliumsulfat, hergestellt aus dem Rückstand der Scheidewasserproduktion). Harn- und schweißtreibend;
Sal tartari (Weinsteinsalz). Rosenthal beschreibt hier die Läuterung und Destillation von Pottasche. Dabei entsteht ziemlich reines Kaliumkarbonat. Der irreführende Name Weinsteinsalz ist auf eine Gewinnung von Kaliumkarbonat durch Einschmelzen und starkes Erhitzen von Weinstein in den Apothekerlabors zurückzuführen.[19] Die Nordhäuser Wasserbrenner, die große Mengen mit Hilfe von Pottasche fabrizierten, waren sich über die Identität von Pottasche und *Sal tartari* offenbar im Klaren, was man von Rosenthal nicht behaupten kann. Verwendung zur Glas- und Seifenherstellung und zur Läuterung von Salpeter für Schießpulver;
Spiritus nitri fumans (rauchender Salpetergeist, hochkonzentrierte Salpetersäure). Verwendung als Scheidewasser in abgestuften Stärken durch mehrfache Destillation, in der Textilfärbung als Lösungsmittel für »englisch Zinn« (Zinn mit geringem Kupferanteil), um Scharlachrot zu erhalten (Schönfärberei).

Die Nordhäuser Wasserbrenner lieferten demnach Oleum für Indigofärber, Medikamente in Apotheken, Scheide- und Königswasser in die Probierstuben der Hütten und Münzen und in die Schönfärbereien und gereinigte Pottasche für Seifensieder und Glashütten, und nicht zuletzt auch den Nordhäuser Korn, wenn ihnen eine ausfallende Getreideernte keinen Strich durch die Rechnung machte. Rosenthal hat nicht unrecht, wenn er trotz ihrer geringen Größe von einer chemischen Fabrik spricht. Sie hat sogar den Handel mit ihren Produkten in Eigenregie übernommen. Es ist leider nicht bekannt, wie das bei Hitze explosionsgefährdete Oleum über weite Strecken transportiert wurde. Da es nahezu wasserfrei ist, werden

Gefäße aus Eisen, anders als bei der verdünnten Schwefelsäure, kaum angegriffen, Holzfässer jedoch, wie auch andere organische Substanzen allmählich verkohlt. Es kamen deshalb nur luftdicht verschlossene Gefäße aus Eisen oder Blei in Frage (heute sind sie aus Schwarzstahl), und der Transport muss in der kalten Jahreszeit stattgefunden haben, wenn das Oleum unterhalb von 10° C zu Eis erstarrte.

Das Labor des Bergwerks: die Probierstube

Der wesentliche Unterschied zwischen der Arbeitsweise der Probierstube eines Hüttenwerkes und der eines Apothekerlabors bestand im Ausgangsmaterial. Der Probierer bekam grobe Steine aus dem Berg und war gezwungen, im Kleinen das nachzuahmen, was die Hüttenleute im Großen veranstalteten, um Erze oder andere Stoffe rein darstellen zu können. Der Apotheker bekam die Ausgangsstoffe zur Weiterverarbeitung frei Haus geliefert. Die unterschiedliche Arbeitsweise ist an den Ausstattungen der Probierstube und des Apothekerlabors mit verschiedenen Öfen gut zu erkennen (Abbildung 12 und 13, Seite 50).

Der Aufwand, der für die Vorbereitung einer Probe getrieben werden musste, war wegen des groben Ausgangsmaterials daher nicht selten größer als der für die eigentliche Probe. Der Lehrer an der neu gegründeten Bergakademie in Freiberg in Sachsen, Christlieb Ehregott Gellert (1713–95), beschrieb ihn am Beispiel des Austreibens von Silber mit Hilfe von Blei, der sogenannten Kupellation, die vor der Scheidewasserprobe zu erfolgen hatte.

Da man ja wissen wollte, welche Schätze im besagten Erz verborgen sind, genügte es nicht, irgendein zufälliges Stück zu untersuchen. Man schaufelte deshalb das zu prüfende Erz erst einmal auf einen großen Haufen und schlug es auf Bohnen- bis Erbsengröße klein, durchmischte es gründlich, breitete es weit aus und nahm es in Augenschein. Je nach Beschaffenheit wurde ein Pfund des klein Gepochten zu einem feinen Pulver oder Sand zerrieben und bei Bedarf abgeröstet, um Arsen und Schwefel auszutreiben. Anschließend wurde eine »verjüngte Probe« von wenigen »Probierzentnern« entnommen. Dieses im Bergbau vor allem in anglo-amerikanischen Ländern noch heute übliche Maß entsprach damals ca. 3,65 oder auch 5 g Gramm, heute sind es ein Gramm pro Probierzentner. Es ist eine Probe, die auch bei den Rammelsberger Kiesen routinemäßig vorgenommen wurde, um deren Gehalt an Silber auf lohnende Ausbeutung zu prüfen. Für den Akademielehrer Gellert war die intensive Durchmischung des Materials die Voraussetzung für ein Gelingen der Probe. Er versuchte sich zu erklären, was die Hüttenleute praktizierten:

»Wenn zwey Körper einander auflösen sollen, so müssen selbige einander berühren können. Je mehr sie also zertheilet, und miteinander vermischet

Abbildung 12: Erckers Probierstube mit ihrer Grundausstattung an Öfen für das »kleine Feuer«, mit der er das Frontispiz seines Werkes geschmückt hat. Rechts oben ein Probierofen, mit »Harnischblech« eingebunden, um ein Auseinanderfallen zu verhindern. Unter dem Bogen ein Vorrat an gepochtem Erz. Links daneben ein Windofen, mit dem Metalle im Guss geschieden werden. Links oben ein Cementierofen, um Gold von Silber, Kupfer und Messing durch Oxidation der unedlen Metalle in einer Salzlösung zu scheiden. Der zentrale Ofen vorne ist ein »fauler Heinz«, mit dem Ercker Scheidewasser brannte, und in dessen Turm 12 Stunden ohne Nachladung gebrannt werden kann, um die beiden Nebenöfen für die Destillation zu beheizen. Ein Knabe pocht und mischt Pulver in einem Eimer, ein Feuerkranz umtanzt einen Topf, der warm gehalten werden soll. Im geschlossenen Topf an der Rückwand verpuffen Substanzen unter der Glocke *(per campanam)*, ohne die Gase wie bei der vorne zu sehenden Destillation in einen Rezipienten überzuleiten. Vorne links ist einer dieser empfindlichen Destillierhelme zerbrochen. In dem großen flachen Behälter im Vordergrund warten gut durchmischte Pulver auf ihre Destillation. Rechts vorne in der Ecke ein »Öflein, in denen die Kupfererze probiert werden«, mit einer wassergefüllten beheizten Kugel, die wie ein Blasebalg funktioniert. Diese Grundausstattung wird bei Bedarf durch spezielle Öfen und gelegentlich durch Arbeiten im »großen Feuer« der Frisch-, Treibe-, Schmelz- und Saigeröfen der Hütte ergänzt. Ein Frischofen entfernt unedle Bestandteile in einer Schmelze durch Oxidation. Der runde Treibofen oxidiert in darüber streichender Flamme Blei in einer Schmelze, so dass nur noch Silber als »Blicksilber« übrig bleibt. Der Saigerofen trennt Silber vom Blei, mit dem die silberhaltigen Kupfererze eingeschmolzen werden. Lazarus Ercker, Beschreibung der allerfürnemisten mineralischen Ertzt- und Bergwercksarten. Frankfurt 1580 (1. Auflage 1573).

zu Destillieren. 15

Ein Destillierofen / da man mit einem Feuer wol zween und dreyssig Helm haben mag / und mancherlei Kräuter destillieren.

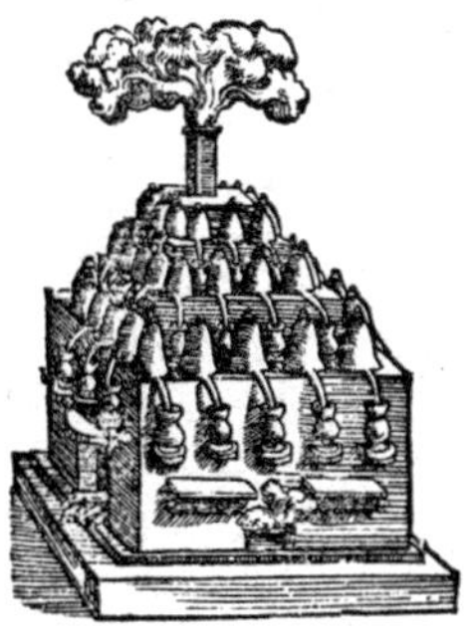

Ein Destillierofen / einer Schnecken gleich / da man rings bey 20. Helm gebrauchen mag / haben alle rechte Wärme / außgenommen die zwen understen / darinnen man Mixturen / das ist Kräuter mit Wein oder Essig begossen / destillieren kan.

Ein gebräuchlicher Destillierofen / mit vier Helmen / in dessen Mitte mag man einen kleinen Hafen oder Kachel / einsetzen / und Sand darein thun / darein man einen Pellican / oder andere Circulation stellen kan.

Nachgesetzten Ofen mag man an eine Wand stellen / hat hin und wieder Löcher / die man aufstopffen mag / wann der Ofen zu reinigen von nöhten ist.

Abbildung 13: Lonitzers Apothekenlabor mit verschiedenen Destillieröfen. Adam Lonitzer (1528–1586) war seit 1554 Stadtarzt in Frankfurt am Main. Sein Kräuterbuch war zwischen 1557 und 1783 in 27 Auflagen verbreitet. Die hier abgebildeten Destillieröfen für die gleichzeitige Destillation von Substanzen mit gleichbleibendem (links oben) oder unterschiedlichem Wärmebedarf (rechts oben) oder von solchen in großen Mengen (rechts unten) gehörten in vielen Apotheken zur Standardausrüstung. Der Ofen rechts unten erinnert an einen Galeerenofen, bei dem nur die eine Seite der Galeere bestückt ist. Adamus Lonicerus, Kreuterbuch. Frankfurt 1679, S. 15.

werden, desto mehr wird die Auflösung befördert. Bey Sachen die im Feuer dünner und zarter fließen, geschiehet die Vermischung durch die vom Feuer gemachte Bewegung. Da aber ein Glas oder eine Schlacke schon ziemlich zähe ist, so kann das Feuer die Theile nicht so unter einander treiben, folglich muß man dergleichen Körper, wie hier das Bleyglas (Glas mit Bleioxidanteil), vorhero untereinander mischen... Das Silber und Gold vereiniget sich gerne mit dem Bley. Indem nun die Stein- oder Erdart nach und nach zur Schlacke wird, so berühren die darinne vorhandenen Silbertheilgen das Bley, und werden von diesem aufgelöset. Zum Theil senken sie sich, vermöge ihrer Schwere durch die zart fließende Schlacke, und gehen mit dem Bley zusammen. Die abgeschlagene Schlacke muß man klar reiben, und die etwan darinne vorhandenen Körner heraus nehmen.«[20]

Das Zusammenschmelzen von Blei und Silber wurde sowohl in den Schmelzöfen der Hütten als auch in ihren Probierstuben in einer Kupelle, einem porösen Tiegel, vorgenommen. Die Kupelle wurde sehr aufwändig aus Asche hergestellt und musste die bei der Verbrennung entstandenen Oxide der unedlen Metalle aufsaugen, während Gold und Silber nicht oxidiert wurden und sich als kleine Perle von »Güldischsilber« auf der Oberfläche sammelten. Erst danach konnte der Probierer mit der Trennung von Gold und Silber mit Hilfe des Scheidewassers beginnen. Bei der Kupellation wurden unedle Metalle oxidiert, während sich Gold und Silber wie hier in der Bleiglätte, dem Bleioxid, erst anreicherten und daraus wieder abschieden. Der Probierer ging mit kleinen Mengen wie der Hüttenmann vor, um vergleichbare Ergebnisse zu erzielen. In seiner Einleitung spricht Gellert allerdings davon, dass die Ergebnisse der Probe erheblich vom tatsächlich Ergebnis der Verhüttung abweichen konnten. Deshalb war eine intensive Durchmischung vor der Probe auf Silber unumgänglich, um zufälligen Anhäufungen von Silber in einem Teilstück des Erzes vorzubeugen. Dieses Vorgehen war in den Hütten seit langem die Regel. 200 Jahre vor Gellert probierte auch Ercker nur mit fein gemahlenem Erz:

»Nimm das Erz, zerreibe es mit einem Hammer auf einem breiten dafür zurechtgemachten Eisen fein wie Mehl, wiege davon einen Zentner deines Probiergewichte ab, bring es in einen Probierscherben (ein kleines kreisrundes Gefäß aus mit Kreide, Talk und Glimmer fein vermischtem und dadurch besonders hitzebeständigem Ton, H. V.) und gib 8 mal soviel gekörntes Blei dazu. Menge Blei und Erzpulver im Scherben untereinander, setz den Scherben in einen warmen Probierofen, der nach dem Einsetzen sofort heiß gemacht werden soll, und lege Kohlen vor das Mundloch. Jetzt fängt das Blei an zu treiben und verschlackt bald.«[21]

»Gekörntes Blei« waren kleine Bleikügelchen, die durch Abschrecken einer heißen Schmelze in kaltem Wasser entstanden waren und eine feine Durchmischung mit dem Erz ermöglichten. Ercker nannte diesen Prozess der Verschlackung des Bleis auf dem Probierscherben »Ansieden«. Durch Umrühren der Schmelze mit einem glühenden Eisenhäkchen wurden Blei und zu prüfendes Erz innig durchmischt und eventuelle Reste vollständig von den Rändern des Scherben abgekratzt. In dem von Ercker geschilderten Beispiel war die Blei-Silbermischung neun Probierzentner oder gut 27 Gramm schwer. Bei so kleinen Mengen musste sehr genau gewogen werden, und Ercker setzte deshalb seine selbst gefertigte und geeichte Waage, ein »rechtes Meisterstück«, staubfrei in einen verglasten Holzkasten, den er innen grün anstrich: »Die grüne Farbe wähle man der Augen willen«, so wie man das heutzutage mit den Op-Kitteln der Chirurgen macht, um die Augen nicht zu ermüden.

Wir befinden uns immer noch in der Vorbereitung für die eigentliche Probe. Nach dem Umrühren lässt Ercker die Mischung eine halbe Stunde stehen, gießt sie dann in Vertiefungen (Grüblein) eines Eisenblechs und lässt sie dort erkalten. Danach wird die Bleischlacke abgeschlagen, und jetzt erst ist die Ansiedeprobe fertig, um sie auf der Kapelle oder Kupelle, wie oben in Umrissen beschrieben, weiter zu bearbeiten. Die Probe auf der Kapelle muss eine halbe Stunde im Probierofen durchglühen, »abgeätmet«, d.h. vom Kristallwasser der Kiese und Erze entwässert werden, bevor die abgeschlagene Schlacke aus Werkblei (noch mit Kupfer, Zinn, Arsen, Silber, Gold und Wismut verunreinigtes Blei) wieder zugesetzt wird, bis sie unter stärkerer Hitze zu treiben anfängt, das heißt plastisch wird. Die Hitze wird zurückgefahren und abgewartet, bis die Kapelle alles Blei mitsamt den Verunreinigungen verschiedener Metalloxide aufgesogen hat und das übrig gebliebene kleine Korn von Silber oder »Güldischsilber« als Gemisch von Silber und Gold mit der Kornzange aus der Kapelle gehoben und gewogen werden kann. Das ist die fertige Probe, mit der die Reaktion auf Gold und Silber mit Hilfe des Scheidewassers vorgenommen wurde.

Die Proben konnten nur erfolgreich sein, wenn der Probierer, wie es Ercker forderte, Kenntnis vom Feuer besaß, »was ganz nötig ist, damit er das zu regeln wisse und kein Metall zu seinem Schaden einer zu großen

Hitze aussetze, sondern jedem nach seiner Gebühr Hitze und Kälte, wie es notwendig ist, geben oder nehmen kann«.[22] Dazu wurden kleine Öfen aus Töpferton gemacht und mit einem starken Eisendraht oder einer Eisenschiene eingebunden, damit sie in der Hitze nicht auseinander fielen. Entscheidend waren fingerdicke Luftlöcher an den Seiten, mit denen die Luftzufuhr geregelt werden konnte, und das Mundloch zum Einbringen der Probe. Im Grunde, sagt Ercker, kann man mit allen möglichen Öfen arbeiten, wenn der Probierer sie beherrscht und das Feuer zu regeln weiß. Ließ der Probierer das Feuer zu schnell heiß gehen, wurde Silber verspritzt und die Probe falsch.

Große Aufmerksamkeit galt der Kapelle (Abbildung 14, Seite 54), die fest, hitzebeständig und porös sein musste und möglichst kein Wasser enthalten sollte. Dieses würde bei Hitze verdampfen und Teile der Probe oder das zugesetzte Blei verspritzen, es »hüpft« dann auf der Probe. Ercker stellte die Kapelle aus Knochenasche her, die weiß gebrannt, zu Mehl gerieben, mit Bier angefeuchtet, in einer Form »ausgeschlagen« und mit trockener Knochenasche (»Klär«) belegt wurde. Mit einer solchen, sich nur langsam erhitzenden Kapelle, verhinderte er ein Verspritzen des Silbers und ein Hüpfen des Bleis. Für seine Klär hat Ercker zahlreiche Versuche durchgeführt und ist zu dem Ergebnis gekommen, dass die Knochen von Kalbsköpfen oder Stirnschalen am besten geeignet sind. Er hat sie gesiedet und gekocht, um das Fett zu entfernen, zerrieben, mit Wasser angefeuchtet, vier Stunden in einem Töpferofen ins Feuer gesetzt, erkalten lassen, und erneut zerrieben, bis sie klar war – daher der Name. Dieser feine Staub, in die Kapelle eingerieben, diente offensichtlich zur Erhöhung der Fähigkeit der Kapelle, das Bleioxid mit den anderen Metalloxiden aufzusaugen, so dass nur ein Körnchen Güldischsilber übrigblieb.

Es war also eine Menge Arbeit und Wissen nötig, um dem Erz das bisschen Silber für die Probe abzutrotzen. Ercker verhielt sich dabei fast wissenschaftlich und experimentierte mit verschiedenen Materialien. Er ließ zwar andere Vorgehensweisen gelten, beharrte aber darauf, dass sein von ihm geprüftes Vorgehen das beste sei. So ähnlich verhielt er sich auch bei der Herstellung des Scheidewassers, das nun mit dem gewonnenen Körnchen goldhaltigen Silbers zum Einsatz kommen sollte.

Abbildung 14: Die Herstellung der Kapellen. Die Kapellenformen B, in die mit dem Kapellenfutter A und C die geschlämmten Aschenkugeln eingehämmert werden. Ergebnis sind die aufeinander geschichteten kleinen Kapellen E. Im Vordergrund der Aschenschlämmer G. Weitere Erläuterungen im Text. Lazarus Ercker, Beschreibung der allerfürnemisten mineralischen Erzt- und Bergwercksarten. Frankfurt 1580, S. 11.

Wie Ercker Scheidewasser brannte

Scheidewasser war eines der wichtigsten Reagentien der handwerklichen Chemie. Es ist in heutiger Terminologie 50%ige Salpetersäure. Man kann sie im Labor aus der Reaktion von konzentrierter Schwefelsäure mit Nitraten erhalten. Auch beim heute üblichen technischen Oswaldverfahren wird im Anschluss zur Herstellung einer höheren Konzentration an Salpetersäure Schwefelsäure benötigt.

Ercker hat auch dieses Reagenz selbst hergestellt. Er gewann Salpetersäure aus der Destillation von Salpeter (KNO_3) mit Eisenvitriol ($FeSO_4$ 7 H_2O), ein Umweg, bei dem Schwefelsäure entsteht. Das ist in der chemischen Formelsprache leichter gesagt als handwerklich umzusetzen. »Zum Brennen von Scheidewasser gehören viele Vorbereitungen«, sagt Ercker.[23] Alles musste er selber machen, die Dichtungen für Glaskolben und Vorlagen, die Vorbereitung des Vitriols und Salpeters, die Beschaffung hitzebeständiger Glaskolben. Einen riesigen Aufwand erforderte allein die Herstellung verschiedener Lehmmischungen, die als Dichtungsmasse für die Helme von Glaskolben und Vorlagen bzw. als Ummantelungen von Glaskolben und Krügen dienten. Von ihrer Wirksamkeit hing der Erfolg des Scheidewasserbrennens ab, denn Dichtungen waren bei Destillationen oftmals Schwachstellen und schlechte Ummantelungen verantwortlich für teure Glasbrüche und den Verlust ihres silber- und goldhaltigen Inhalts.

Die Zusammensetzung der beiden Lehme beruhte einzig und allein auf der Erfahrung ihres Verhaltens unter großer Hitze und der nachfolgenden Abkühlung. Sie durften nicht reißen und mussten auch noch die feinsten Gase der Destillation in dem anfälligen System von Retorte und Vorlage halten. Die raffinierte Mischung, von der Ercker spricht, zeugt von einer genauen Kenntnis der Materialien und ihres Zusammenspiels. Sie ergänzten sich so, dass sie bei Ausdehnung unter der Hitze der Destillation nicht durchlässig wurden:

Die »dünne Mischung, mit der man die Fugen am Helm oder die Vorlage zueinander zu verkleben pflegt, wird so gemacht: Nimm Eiweiß, soviel du glaubst, daß es genug sei, schlag es in eine Zinnschüssel, sauge es mit einem reinen Schwamm auf und drücke es wieder heraus in die Schüssel und tue das so lange, bis es wie Brunnenwasser klar ist. Nimm danach 4 Lot (1 Lot knapp 15 g) Staubmehl, 1 Lot *Bolus Armeni* (Tonerde), 2 Lot weißen trockenen Käse ohne Rinde und 1 Lot *Sanguis Draconis*, (Drachenblut, d.h. Zinnober, Quecksilbersulfid). Wenn du diese Stoffe alle klein gerieben und durch ein Haarsieb getrieben hast, vermenge sie mit Eiweiß und verstreiche damit die Fugen.«[24]

Die Fugen waren schon vorher mit einem Lehm verklebt worden und mussten trocken sein. Dieser Film über den Dichtungen war höchst effektiv, da Zinnober widerstandsfähig gegen Laugen und Säuren ist und sich wie Gold nur in Königswasser, einem Gemisch aus Salzsäure und Salpetersäure, auflöst.

Die Bestandteile des Lehms zum Verkleben der Fugen und für die Ummantelung der Glaskolben, die starkes Feuer aushalten mussten, wirken für unsere Augen nicht weniger abenteuerlich:

»Nimm guten und fetten Lehm, schlämme ihn im Wasser, damit Steine und grober Sand ausgeschieden werden, forme ihn zu Ballen und laß diese in der Sonne gut trocknen. Nimm 10 Teile von diesem geschlämmten Lehm, 2 Teile geschlämmte Asche, 3 Teile abgeschäumten Roßkot, 1 Teil Hammerschlag (Glimmersplitter) und 2 Teile geschlagene Kuhhaare, menge das alles untereinander, feuchte es mit frischem und noch warmen Ochsen- oder Schafblut an und mische es gut mit einem Bohreisen.«[25]

Die Hammerschlaglackierung dient noch heute zum Schutz der Abdichtungen vor der Zersetzung durch UV-Strahlung. Man könne, so Ercker, auch fein geriebenes venezianisches Glas mit Lehm vermischen. Mit diesem Lehm wurden auch die Öfen abgedichtet, die man »faule Heinzen« nannte und die Ercker wegen ihrer langsamen und gleichmäßigen Destillation und guten Möglichkeiten zur Regierung des Feuers für die Destillation von Scheidewasser bevorzugte. Was wie eine zufällige, von Aberglauben gesteuerte Zusammensetzung der Dichtungslehme aussieht, beruhte auf dem Wissen über die Schrumpfungstendenz des Lehms unter Hitzeeinwirkung. Er konnte bis zu 10 % seines Volumens verlieren. Kuhhaare und Rosskot, der noch große Mengen unverdauter Gräser enthielt, waren als Stabilisatoren des Gemenges gedacht, warmes Ochsenblut zog sich an der Luft zusammen und bildete dann mit feinen Fibrinfäden ein dichtes Gerust im Lehm, und der untergemischte Zinnober machte ihn gegen die aggressiven Dämpfe der Salpetersäure widerstandsfähig. Die seltsam anmutende Behandlung des Eiweißes bei der Zubereitung der Dichtungslösung mit einem Schwamm, bis es wasserklar geworden war, entfernte einen Teil der Eiweißstoffe, die als Glibber im Schwamm zurückblieben, sodass die verbliebene Eiweißlösung als hauchdünner Film aufgetragen werden konnte, wobei sich unter der Hitze der Destillation ein dichtes Netz denaturierter Eiweiße mit eingelagertem denaturiertem Käseeiweiß, Zinnoberstaub und den anderen zugesetzten Staubpartikeln bildete und die Dichtung auch für Gase undurchdringlich machte. Gelang das nicht vollkommen, blieb das Scheidewasser zu schwach für die Trennprobe.

Die Güte der Gläser und deren Hitzebeständigkeit waren eine weitere Voraussetzung erfolgreichen Arbeitens. Ercker bevorzugte venezianische Gläser, die mit feinem toskanischem Sand und dem Zusatz von Soda (Natriumkarbonat) homogen geschmolzen waren und nicht, wie das Waldglas nördlich der Alpen, mit kieseligen Fremdkörpern verunreinigten Sanden und dem Zusatz von Pottasche (Kaliumkarbonat) »steinig« waren, also grobe Einschlüsse enthielten, die bei großer Hitze zu Sollbruchstellen werden konnten. Die Ummantelung war eine Möglichkeit, Glasbrüche zu verhindern.

Der »faule Heinz« (Abbildung 15, Seite 58), der Ofen, den Ercker zum Brennen bevorzugte, bestand aus einem mittleren mannshohen Turm, der mit Holzkohle angefüllt wurde und 12 bis 24 Stunden ohne Nachfüllen brennen konnte (daher fauler Heinz), und zwei Nebenöfen von nicht ganz halber Höhe, die über durch Schieber (Register) regulierbare Öffnungen direkt mit dem Heizturm verbunden waren. Es war wichtig, den Bau mauermäßig auszuführen, das heißt, seine Ziegel sollten möglichst fugenfrei aneinander liegen, um ein vollkommenes Abdichten zu ermöglichen. Auch die Windlöcher des Hauptofens und der Nebenöfen sollten zur Regulierung des Feuers mit gut passenden Tonstöpseln verschlossen werden können. Haupt- und Nebenöfen hatten abnehmbare Hauben.

Vitriol und Salpeter wurden, bevor der eigentliche Brennvorgang beginnen konnte, speziell präpariert. Vitriol wurde gewogen, dann kalziniert, das heißt bei höherer Temperatur und unter ständigem Umrühren erhitzt, damit ein Teil des Kristallwassers verdampfte und den Vitriol eindickte. In noch warmen Zustand wurde er erneut gewogen, um die Menge des Wasserverlustes festzuhalten, und anschließend auf einem Reibestein fein gerieben. Ließ man ihn erkalten, wurde er hart wie Stein (wie der Atramentstein im Rammelsberg) und ließ sich nicht mehr zerreiben. Der Salpeter wurde nur auf dem Ofen getrocknet und dann gestoßen und fein zerrieben. Wenn der Salpeter nicht rein vorlag, sondern »sehr salzig« auf der Zunge schmeckte, musste er erst noch geläutert werden. Ercker beschreibt diesen arbeitsaufwändigen Läuterungsprozess, der üblicher-

Abbildung 15: Verschiedene Öfen zur Destillation des Scheidewassers, gruppiert um den »faulen Heinz«. In der Schale liegen Stücke von Vitriol. Lazarus Ercker, a. a. O., S. 72. – A Der Heinzenturm. B Die Nebenöfen, in die die Krüge mit dem »Zeug« gesetzt werden. C Die gläsernen Vorlagen. D Ein irdener Krug oder Rezipient. E Der Ofen zur Retorte. F Der kleine Rezipient, der an die große Vorlage kommt, damit die Gase beim Herüberziehen Platz haben. G Der lange Ofen. H Der Nebenofen, in dem die Gase des Scheidewassers getrieben werden.

weise in spezialisierten Salpetersiedereien und -hütten vorgenommen wurde, ausführlich in seinem fünften und letzten Buch. Ich werde auf die Salpeterläuterung im Zusammenhang mit der Schießpulverherstellung zurückkommen, für die er in großen Mengen gebraucht wurde.

Zum Scheidewasser Brennen lagen jetzt kalzinierter Vitriol und reiner Salpeter vor. 4 ½ Pfund Vitriol und 4 Pfund Salpeter wurden zusammen ganz fein gerieben und in eine der mit Lehm beschlagenen und sehr genau an die Größe der Nebenöfen angepassten Glaskolben gebracht und dieser auf einer eigens hergestellten und mit Asche und klarem Sand gefüllte Kapelle auf den Rost gesetzt. Der tönerne und ausgeschnittene Helm des Ofens lag nun um den Hals des Kolbens, die Fugen gut mit Lehm verschmiert und verklebt, so dass weder Hitze noch Dunst entweichen konnten. Die weit überstehende Schnauze des Helms »muß in die Vorlage, die mit ihr verbunden wird, weit hineinragen, damit du beobachten kannst, wie das Wasser fließt und die Tropfen fallen«.[26] Es sind die Tropfen der Destillation, die in eine Vorlage fielen, die vorher genau mit der Menge Wasser angefüllt war, die der Vitriol durch das Kalzinieren verloren hatte, da er sonst seine Reaktionsfähigkeit mit dem Salpeter verlor. Normalerweise dauerte die Destillation 24 Stunden, konnte aber auf fünf bis sechs Stunden unter Hinnahme von Qualitätseinbußen verkürzt werden. In diesen 24 Stunden musste das Feuer durch Öffnen und Schließen von Registern und Windlöchern ständig reguliert werden. Es war die hohe Kunst der Wärmesteuerung. Sie sah in den Worten Erckers so aus (Abbildung 16, Seite 60):

»Laß das Windloch unten am Heinzen offen (C), verschließ die Windlöcher der Nebenöfen oben und das Mundloch am Heinzen (B) und zieh die Schieber (F) bei den Nebenöfen nicht so bald auf. Wenn das Scheidewasser zu destillieren beginnt, dann erst mache das Luftloch auf. Will jedoch das Scheidewasser noch nicht recht übergehen, so ziehe ein wenig die Schieber am Heinzen. Dann streicht die Hitze besser durch den Raum, wo Krug oder Kolben mit den »Zeug« steht, und das Wasser fängt an, besser überzutreten. Wenn das vor sich geht, so kommt in die Vorlagen ein »Dunst«. Das sind die groben Gase (Wasserdampf, später Stickoxide, H.V.). Diese laß durch das eingesteckte Hölzlein bei der Schnauze des Helms heraustreten, indem du es ziehst. Stich es sodann wieder hinein und verklebe es aufs beste, damit ja keine Gase mehr entweichen. Und wenn die Tropfen zu 5 oder 6 Schlägen in die Vorlage fallen, so geht das Scheidewasser im Anfang mit dem kalzinierten ›Zeug‹ recht.«[27]

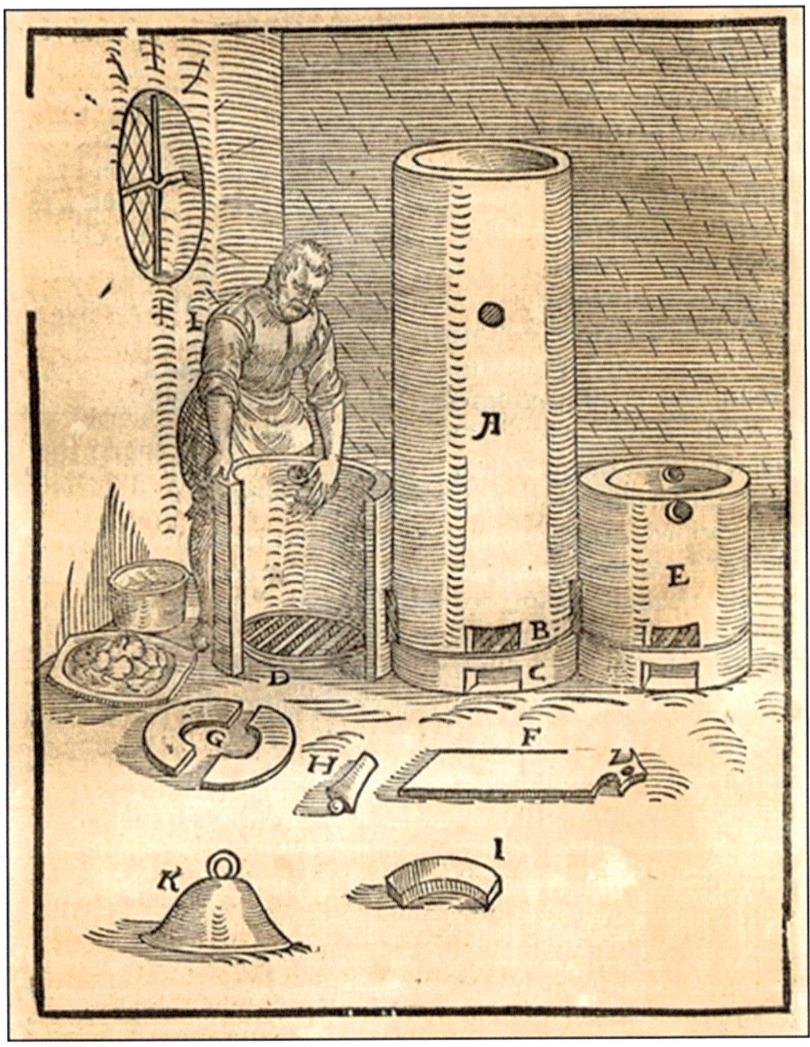

Abbildung 16: Der »faule Heinz« teilweise zerlegt, um seine abgestuften Möglichkeiten der Wärmeregulation zu verdeutlichen. A Turm des Heinzen, B Mundloch über den Roststäben, C unteres Mundloch, D Rost des Nebenofens, E Nebenofen, F Schieber, G Decke mit Ausschnit für den Nebenofen, H Ventilstöpsel, I Rundziegel zum Bau des Heinzen, K Stütze auf dem Heinzen. Erklärung zur Funktionsweise im Text. Lazarus Ercker, Beschreibung der allerfürnemisten mineralischen Erzt- und Bergwercksarten. Frankfurt 1580, S. 64.

Mit Schlägen waren die Intervalle von Hammerschlägen gemeint (»Es ist so, als wenn einer mit Hammer oder Faust pocht und so den Takt hält«), das einzige Zeitmaß unterhalb einer Minute, das zur Verfügung stand. Zu 5 Schlägen hieße dann 1 Tropfen auf 5 Hammerschläge. Es war das Maß, mit dem Ercker das Feuer regelte. Wenn nach ein bis zwei Stunden 1 Tropfen nach 6 bis 7 Schlägen gefallen waren, öffnete er die Schieber zwischen dem Heinzen und den Nebenöfen, damit die Tropfen schneller fielen, aber nicht schneller als nach 4 Hammerschlägen. Fielen die Tropfen zu schnell, bestand die Gefahr des Überlaufens und des Bruchs der Gefäße wegen zu großer Hitze.

»Regle also das Feuer fortan so lange gleichmäßig, bis Helm und Vorlage ganz krischbraun geworden sind und beinahe alles Scheidewasser in der Vorlage ist. Dann mußt du das Feuer mit dem Öffnen der Schieber verstärken, damit die Gase durch die Schnauze des Helms oder seinen Schnabel in die Vorlage zum Wasser gehen. Beeile dich aber nicht allzu sehr mit dem Hinübertreiben. Warte solange, bis die Gase in 1 bis 6 Stunden oder mehr, je nach der Beschaffenheit des Materials, fast vergangen sind und die Vorlage nicht mehr ganz braun aussieht. Dann mache die Windlöcher auf, lege durch diese Löcher unter Krug oder Kolben kleingespaltenes Holz und treib mit offenen Flammen und großer Gewalt den Rest der Gase in die Vorlage, damit alle Stärke ins Wasser übergeht und Helm und Vorlage wieder schön weiß werden. Krug oder Kolben sollen dabei 1 Stunde lang gut durchglühen, und der »Totenkopf«, also das, was in Krug oder Kolben zurückbleibt, soll keine Schärfe mehr aufweisen, sondern ausgesogen, dürr und braunrot sein.«[28]

Der Totenkopf bestand aus Eisenoxid, seine Restschärfe resultierte aus noch nicht zersetztem Vitriol, Eisensulfat. Das war längst noch nicht alles, was an Arbeit anfiel. Nach 12 Stunden musste der Heinzenturm mit Holzkohle nachgeladen werden. Um das gewonnene Scheidewasser aus der Vorlage gießen zu können, waren alle hart gewordenen Lehmdichtungen mit einem nassen Lappen durchzuweichen, damit die Gefäße beim Öffnen nicht zerbrachen. Der Probierer war 24 Stunden lang voll mit Kontrollen und Gegensteuern beschäftigt, nur um das Scheidewasser zu produzieren, das er für seine eigentliche Arbeit brauchte. Wenn er Glück hatte, die Materialien in der Hitze nicht zersprangen oder die Mischung aus Vitriol und Salpeter nicht überkochte, ohne Destillationsdämpfe zu liefern, konnte er sich eine Zeitlang aus dem Vorrat an Scheidewasser für seine Trennproben bedienen. Erfolg oder Misserfolg lagen sehr dicht beieinander, überschießende Hitzeentwicklung trotz aller Stöpsel für Luftlöcher und Schieber zwischen den Öfen waren nur mit großer Erfahrung zu bändigen, die gelieferten Gläser von wechselnder Qualität, die Lehmschichten manchmal brüchig, und die Abdichtungen des Ofens konnten bei großer Hitze schrumpfen und bersten.

Das frisch gebrannte »rohe Scheidewasser« musste erst noch von seinen »Niederschlägen« gereinigt werden. Es enthält, was Ercker nicht wissen konnte, meist noch Spuren von Stickstoffperoxid (N_2O_4), Chlor, Schwefelsäure, Calcium- und Natriumnitrat und Eisen. Er rückte ihnen mit einem halben Quent (1,8 g) Feinsilber zu Leibe. Das war genial. Das Silber bildete mit den Nitraten Silbernitrat und dieses mit den Chlorid- und Sulfidionen die schwerlöslichen Niederschläge »trübe wie Milch«. Diese trübe Lösung schwenkte Ercker ein bis zwei Mal am Tag, ließ sie einen Tag und eine Nacht stehen, bis sich die Unsauberkeiten am Boden absetzten und der geklärte Überstand als brauchbares Scheidewasser abgegossen werden konnte.

Diesen Läuterungschritt hatte Ercker 15 Jahre vorher noch nicht gekannt. Er hatte, als er aus dem »grünen Gogkelgut«, dem Jöckel bzw. Eisenvitriol des Rammelsbergs Scheidewasser brannte, nur davon gesprochen, dass die Fähigkeit der Salpetersäure, Silber zu lösen, trotz der milchigen Trübung erhalten bleibt,

»und es gibt gut Scheide-Wasser, aber man kans nicht rein niederschlagen oder fellen, es setzet sich wol dief, daß es sehr schön lauter wird, aber so es wieder aufs Silber gegossen wird, wird es wiederum molckend, wiewol es im scheiden nicht irret. Denn (Obwohl) dieselben Molcken subtil seyn (sind), so dienet es doch nicht zu Gold-Probe, dieses Scheide-Wasser gibt gar wenig Spiritus im Scheiden und greifft wohl an.«[29]

Es wird diese Beobachtung der milchigen Trübung bei Zugabe von Silber gewesen sein, die ihn dazu brachte, mit eben dieser Zugabe das Scheidewasser durch Ausfällung der Beimengungen zu reinigen, bevor mit der eigentlichen Probe begonnen wurde. »Wenig Spiritus« bedeutet eine geringe Konzentration an Salpetersäure, die üblicherweise schon bei Zimmertemperatur Stickoxide abgibt, die aus der Lösung als Gas entweichen. Sie ist üblicherweise klar, oder in den Worten Erckers »sehr schön lauter«, wenn sie direkt mit Schwefelsäure statt mit Eisensulfat destilliert wird, dessen Rückstände die Lösung »molkend« machen.

Ercker hat noch eine ganze Reihe weiterer Experimente mit dem Scheidewasser durchgeführt und mit verschiedenen Vorrichtungen gearbeitet. Einmal diente statt eines Glaskolbens ein eiserner Krug als Behälter für Vitriol und Salpeter, ein andermal kam ein Langofen statt des »faulen Heinz« zum Einsatz. Dann gab er Kalk zur Beschleunigung der Destillation und Verhinderung des Überlaufens zur Vitriol-Salpeter-Mischung oder versuchte, meist vergeblich, durch Zusatz von Alaun, Grünspan, oder Antimon die Wirkung des Scheidewassers zu verstärken, selbst Eisenfeilspäne und Federweiß, eine Malerfarbe aus Gips oder Talk, wurden ausprobiert.

Scheidung von Gold und Silber

Auch wenn jede einzelne chemische Reaktion nicht zu klären war, so ist doch deutlich geworden, wie genau Ercker den Prozessverlauf beobachtete, wie penibel er Mengen ausgewogen und selbst Reaktionsgeschwindigkeiten gemessen und gesteuert hat. Scheidewasser war nicht das Endziel seiner Arbeit. Es war nur sein Arbeitsmittel zur Trennung von Gold und Silber. Es musste »ein gutes Scheidewasser« sein, nicht zu stark, nicht zu schwach und nicht verunreinigt. Mindestens der gleiche Arbeitsaufwand war nötig, um das Güldischsilber, das Silber mit nur geringem Goldanteil vom Rammelsberg, für die eigentliche Scheidung vorzubereiten.

»Wenn man das Gold aus güldischem Silber durch Scheidewasser trennen will, muß das Silber zuerst auf einem Test (Herd) rein gebrannt sein. Ist die gebrannte Silbermenge nicht allzu groß, so gieß sie zu einem Zain (Barren), schlag den auf dem Amboß dünn und schneid davon kleine Bleche. Diese Bleche bieg so um, daß sie hohl sind, und glüh sie in einem Tiegel, damit das Scheidewasser besser angreift. Sind diese ausgeglühten Blechlein kalt geworden, so bring sie in ein umkleidetes Glas oder in einen Scheidekolben, aber auf einmal nicht mehr als 5 solcher dünnen Bleche und höchstens 6 Mark goldhaltiges Silber, auch wenn du noch so viel davon hättest (Edelmetallgewicht Mark, 6 Mark ca. 1400 g)[30], denn sie nehmen dazu im Kolben einen zu großen Raum ein. Gieß nun ein gereinigtes Scheidewasser darauf, daß es einen guten Querfinger über dem Silber steht, worauf es bald aus eigener Kraft zu arbeiten beginnt.«[31]

Es galt, das Silber in das Scheidewasser zu überführen und sicherzustellen, dass die gesamte Menge des Silbers in Lösung ging und sich »Gold oder Goldkalk« am Boden des Kolbens abgesetzt hatte, der auf dem Herd in einem zunächst nur leicht gewärmten und beim dritten Aufguss stark erhitzten Sandbad stand. Das Risiko, dass der Glaskolben brach, war groß und teuer. Schlüter verlangte 150 Jahre später deshalb, die heißen Kolben nicht mit kalten Händen anzufassen, weil der Temperaturunterschied die Gläser springen ließ.[32] Im Sandbad herrschte gleichbleibende Wärme, und es war möglich, das Scheidewasser zurückzugewinnen, wenn der Glaskolben geborsten war und Gold und Silber im Sand versickerten.

Nach dem Abgießen des silberhaltigen Scheidewassers wurde das rein abgeschiedene Gold im Kolben mit heißem Wasser übergossen und so lange gesotten, bis es klar und »frei von Schärfe« war, d.h. keine Salpetersäure mehr enthielt. Dieses Verfahren nannte man deshalb »Absüßen«. Dabei wurden die letzten am Gold haftenden Silberreste im Wasser gelöst, das zur weiteren Verwendung als Fällmittel, wie oben beschrieben, in ein extra Gefäß abgegossen wurde. Den Goldinhalt des Kolbens ließ Ercker dann vorsichtig über die Hand in eine sogenannte Absüßschale laufen und über einem allmählich zunehmendem Feuer abrauchen und durchglühen, denn es sollte bei der folgenden Schmelze zu Barren nicht an Gewicht verlieren, was ein Zeichen für Verunreinigungen gewesen wäre. Das nun schön gefärbte Gold wurde dann kalt abgewogen,

Im Scheidewasser blieb nach der Trennung von Gold Silbernitrat zurück. Um das Silber herauszubringen, benutzte Ercker das heute noch gebräuchliche Verfahren der *Zementation*: aus einer Salzlösung wird das edlere Metall durch das unedle rein ausgefällt, während das unedle in Lösung geht. Bei der Zementation wurde das Silbernitrat im Scheidewasser durch Kupfernitrat ersetzt, indem man das Scheidewasser in eine Kupferschale goss und aufkochte. Der ausgefallene »Silberkalk« wurde mit warmem Wasser wieder »abgesüßt«, um Säure zu entfernen, abgeseiht und in einer Kupferschale abgeraucht, getrocknet, in einem Windofen durchgeglüht und in einem Tiegel zusammengeschmolzen. Das nach der Zementation durch Kupfer blau gewordene Scheidewasser wurde nicht einfach weggeschüttet, sondern in einer Destillation zur Wiederverwendung gereinigt.

Der beschriebene Prozess war nur bei goldreichem Silber erfolgreich, was am Rammelsberg selten der Fall war. Das viel ältere Verfahren »im Guß«, das heißt im Schmelzfluss, war auch für ärmeres Güldischsilber geeignet. Es lehnte sich viel stärker an die Hüttenpraxis an und benötigte keine Destilliergeräte. Man brauchte nur Ofen, Tiegel und glasierte Gefäße aus Ton. Dieses Anreicherungsverfahren für Gold beruht auf der unterschiedlichen »Verwandtschaft« (Affinität) von Silber und Gold zu Schwefel bei höheren Temperaturen.[33] Goldsulfide zersetzen sich schon bei Temperaturen um 200 C, während Silbersulfid erst bei über 800 C zu schmelzen anfängt.

Dazu wurde das goldarme Güldischsilber in einem Tiegel zum Schmelzen gebracht, im verwirbelten kalten Wasser durch Abschrecken gekörnt, das heißt zu dünnen Hohlkügelchen geformt, noch nass mit feingestoßenem Schwefel untermischt und in einem gut verschlossenen Topf vorsichtig erhitzt, damit nicht zu viel Schwefel entwich. Nach Erkalten zerschlug man den Topf und fand Schwefel und Güldischsilber in einem schwarzen

Niederschlag von Silbersulfid zusammengesintert. Die Körnung sollte eine innige Vermischung von Silber und Schwefel ermöglichen.

Was folgte, war ein Ausbringen des Silbers aus seinem Sulfid durch dreimaliges Versetzen mit Kupfer und Blei, ein Verfahren, das auf den Kenntnissen aus der Verhüttung silberhaltigen Kupfers aufbaute. Durch die Zugabe von Kupfer und Blei zum schwarzen Silbersulfid schlug sich Silber nieder, das vom ungeschwefelten Gold aufgenommen wurde, während sich der Schwefel mit Blei und Kupfer zu Sulfiden vereinigte. Diese Sulfidschmelze, von den Hüttenleuten »Plachmal« (althochdeutsch Blachmal = schwarzer Fleck) genannt, enthielt nach dem ersten Guss noch Silber und Gold und wurde bei Bedarf, das heißt jeweils nach Proben auf Silber und Gold, noch mehrmals mit Blei und Kupfer niedergeschlagen, bis sich Silber als »Silberkönig« und Gold als »Regulus« im Tiegel sammelten und das erstarrte Plachmal aus Blei- und Kupfersulfiden abgeschlagen werden konnte.

Ich habe die praktischen Abläufe bei der Trennung von Gold und Silber einschließlich der umfangreichen Vorbereitungen in vielen Einzelheiten geschildert, um einen lebendigen Eindruck von dem überlegten und kontrollierten Vorgehen in den Probierstuben ausgangs des 16. Jahrhunderts zu vermitteln. Es war den Alchemistenküchen in seinem chemischen Wissen haushoch überlegen und konnte sich durchaus mit der Präzision in den Apothekerlabors messen. Ercker, der im Laufe seiner jahrzehntelangen Erfahrung als Berg- und Hüttenmann und als Münzmeister auch viele Fehlschläge und dürftige Ergebnisse erlebt hat, wusste darüber hinaus ziemlich genau, was unbedingt zu vermeiden ist und wie man auf keinen Fall verfahren soll. »Allein merke«, »man muss auch wissen« und ähnliche Einlassungen stehen wie Warnsignale vor möglichen Fehlern. Er misst seine eigenes und das der anderen am Erfolg, am Arbeitsaufwand und an den Kosten. Probieren, das bedeutete Feinsteuerung mit geringen Mengen und teuren Materialien. Ein Herumpanschen kam nicht in Frage, und der Arbeitsaufwand für genaue Ergebnisse war enorm. Von den Ergebnissen des Probierens hing nicht nur die Wirtschaftlichkeit des Verhüttung, sondern auch der lohnende Einsatz der Bergleute ab. Deshalb sollte der Probierer rechnen können, »auch in der Arithmetik oder Rechenkunst wohl geübt und erfahren sein«.[31] Das erforderte schon der richtige Umgang mit den verwirrenden Maßen und Gewichten.

Ein kleiner Überblick über die Probiergewichte zeigt, wie klein die Mengen waren, die ein Probierer analysierte und auswog und wie fein er eine Waage zu justieren hatte. Die regionalen Schwankungen waren zum Teil erheblich, verhinderten direkte Vergleiche und zwangen zum Rechnen. In den Probierstuben waren sogenannte »Probierzentner« gebräuchlich, unterteilt in 100 »Pfund«, das »Pfund« zu 16 »Lot«, das »Lot« zu 4 »Quentchen«, das »Quentchen« zu 4 ½ »Grän«. Die Anführungsstriche stehen hier für den parallelen Gebrauch der Einteilung wie bei der Arbeit im Großen. Der Probierzentner betrug den 10000sten Teil eines Zentners, den die Bergleute bei ihrer Arbeit benutzten. Im Harz waren das 5 g, in Freiberg 3,65 g. Für Silber und Gold war die Kölnische Mark die Leitgröße. Sie entsprach 234 Gramm und wurde wie die Probierzentner weiter unterteilt. Das folgende Zitat von Krünitz zeigt, dass selbst wohl informierte Leute, wie es der Herausgeber der *Ökonomischen Encyclopädie* war, sich in den Potenzen gewaltig irren konnten:

»Der Unterschied zwischen den gemeinen Gewichten und denjenigen, die nur die Probierer haben, besteht darin, daß diese tausendmahl (zehntausend! Mal, H.V.) kleiner sind, als die gemeinen; weil man bey dem Probieren nur kleine Theilchen von den Metallen oder Erzen untersucht. Diese kleinen Gewichte werden also in eben so viel Theile, mit eben der Benennung getheilt und wieder zertheilt, als die großen Gewichte, welche von den Künstlern bey den Metallen unter gewissen Umständen angenommen worden sind.«[35]

Diese zum Teil winzigen Gewichte – 1 Gran oder Grän entsprach 0,812 g – wurden mit Silberplättchen hergestellt und staubfrei in mit Leder ausgeschlagenen Kästchen aufbewahrt und die Waage in einen Glaskasten eingeschlossen. Ercker gebrauchte das Grängewicht meist »bei der Beschickung des Tiegels und beim gemünzten Gelde… Obwohl der vierte Teil eines Gräns beim Angeben nicht gebräuchlich ist, so hat ihn der Probierer doch nötig, um genauen Bericht zu erstatten.«[36] Ein Viertel Grän entsprachen 0,203 g.[37]

Der Probierer arbeitete demnach einen erheblichen Teil des Tages in der Größenordnung von Apothekergewichten. Es war ein chemisches Labor, das er neben den gröberen, aus der Verhüttung abgeleiteten Trennververfahren, betrieb, einschließlich der in Apotheken üblichen Destilliergeräte. Dieser Schwerpunkt seiner Arbeit kommt in den Bilddarstellungen von Probierstuben regelmäßig zu kurz. Dort sieht man große Öfen, große Kübel und Wannen, selten Präzisionswaagen und standardisierte kleinste Tiegel und Kupellen. Die Abbildungen erwecken den Eindruck einer ungeschlachten handwerklichen Tätigkeit, was sie nur in der Anfangsphase des Analyseprozesses beim Kleinpochen und Zerreiben gewesen ist. Eine Ausnahme bildet hier das Werk Erckers, der auch großen Wert auf die bildliche Darstellung von Gerätschaften legte, die zur Feinanalyse notwendig waren. Er erreichte einen hohen Standard an Genauigkeit, dem fast zwei Jahrhunderte lang nachgeeifert wurde. Die letzte Wiederauflage seines Werkes erfolgte 1736.

Wir verdanken ihm detaillierte Einsichten in die Produktion der Arbeitsmittel, die für den Erfolg der Analyse entscheidend waren, in die Zusammensetzung von Dichtungen der Destillationsapparate, in den Umgang mit den Problemen der Glasqualitäten für die Kolben und Vorlagen und die Methoden zur Erhöhung ihrer Hitzebeständigkeit und in die ausgeklügelten Materialien zur Fabrikation der Kupellen. Seine wichtigsten Utensilien, Waage und Gewichte, hat er selbst hergestellt, geeicht und das *Procedere* mit Hilfe von Abbildungen ausführlich beschrieben, weil er seinen Handwerkerkollegen die geforderte Präzision nicht zutraute. »Das Einrichten der Probierwaagen ist eine besondere Kunst und gilt als echtes Meisterstück, was nicht jedem der die Waagen anfertigt, bekannt ist«.[38] Dieses Einrichten mache ihn dermaßen irre, dass er nicht wisse, wie es weitergehen solle. Man brauche dazu Lust, und es setze eine »unverdrossene Person« voraus. Bei den Destilliergeräten war er auf die Fähigkeiten der Glasmacher angewiesen. Wir werden noch sehen, worauf diese zu achten hatten, um die geforderte Hitzebeständigkeit zu garantieren.

Die Ergebnisse aus den Probierstuben bestimmten den Wert der Handelsware. Da an vielen Orten Silber nicht als rein geschmolzenes Silber, sondern als Erz, Schlackenstein oder silberhaltiges Kupfer verkauft wurde, waren die Proben die Grundlage für den Geschäftsabschluss. Das führte auch zu dem seltsam anmutenden Zentnergewicht der Hüttenleute, die beim Verkauf von einem Zentner silberarmer Erze 110 für 100 Pfund übergaben als Ausgleich für den Käufer wegen der zu erwartenden Silberverluste, selbst bei einem gut geordneten Reinschmelzen. Deshalb durfte »der Verlust beim Schmelzen billigerweise nicht größer sein, als die zehn Pfund des Hüttenzentners im Vergleich zum Probierzentner mehr an Silber einbringen«, wie Ercker diese Praxis erläutert.[39] Es wurde also beim Verkauf des silberhaltigen Erzes berücksichtigt, dass die Schmelzer nicht das aus den Erzen gewinnen konnten, was der Probierer eigentlich als Silbergehalt festgestellt hatte. Die Dreingabe von 10 Pfund war als Polster für zu erwartende Schmelzverluste gedacht und sollte Streitereien vorbeugen, wenn in den Hütten des Käufers nicht die angegebene Menge Silber erschmolzen werden konnte.

Das mit Hilfe des Eisenvitriols, also letztlich der Schwefelsäure, hergestellte Scheidewasser war eines der wichtigsten Reagentien der vorwissenschaftlichen Chemie. Mit konzentrierter Salzsäure vermischt, erhielt man Königswasser, das auch Gold löste. Da Scheidewasser in den Hüttenwerken, den Münzen, den Apotheken und in den Glashütten gebraucht wurde, ist seine ökonomische Bedeutung kaum zu überschätzen. Salpetersäure ist auch heute in der technischen Chemie nicht mehr wegzudenken. Sie findet Verwendung z.B. als Beizmittel in der Galvanik, zusammen mit Schwefelsäure als Nitriersäure zur Nitrierung organischer Verbindungen für Farbstoffe und Nitroglycerin. Ihre Salze sind Düngemittel, ihre Ester Sprengöle und Lacke, und vieles andere mehr.

Hitzebeständige Gläser für Probierstuben und Apothekerlabors

Chemisch ist Glas die Verbindung einer Base mit Kieselsäure. Zur Herstellung von Glas benötigte man Sand und Soda oder Pottasche. Soda und Asche dienten als Flussmittel, um die Schmelztemperatur herabzusetzen. Das Quarz der Sande und Kiese alleine würde erst bei mehr als 1400° C schmelzen, eine Temperatur, die mit den damaligen Öfen nicht zu erreichen war. Der Zusatz von Soda (Natriumkarbonat) oder Asche (Kaliumkarbonat) lässt das Gemisch schon oberhalb von 600° C schmelzen.

Diese frühe Darstellung einer böhmischen Waldglashütte (Abbildung 17) entstammt einer Sammlung von Abbildungen aus der British Library, die John Mandeville, *Voyage d'outre mer, Reisen des Ritters John Mandeville vom Heiligen Land ins ferne Asien: 1322–1356* illustrieren sollten. In der oberen Bildhälfte schabt ein Köhler Holzkohle von einem Stamm, das in wannenförmigen Behältern in die Glashütte getragen wird. Der aus gebranntem Schamott und Lehmziegeln bienenkorbähnlich aufgebaute zentrale Hafenofen hatte im Schnitt drei Meter Durchmesser und drei Meter Höhe und war zur Stabilisierung häufig mit einem hier fehlenden Gerippe aus Eisenbändern umschlossen. Im vorgeheizten Ofen wurde das feingestoßene Gemenge aus ausgelaugter Asche und Sand üblicherweise im Verhältnis 2:1 einen Tag und eine Nacht ständig umgerührt, ohne dass es zur Schmelze kam, die entstandene »Fritte« in einen Hafen gefüllt und diese in einer Nacht bis zur Blasenbildung, die die Schmelze gut durchmischte, bei bis zu 1200° C erhitzt. Wenn sich keine Blasen mehr bildeten und das Wallen der Schmelze aufhörte, ließ man die Schmelze im Ofen bis zur Zähflüssigkeit abkühlen. Das Hoch- und Runterfahren der Ofentemperatur oblag dem Feuerschürer, von dessen Fähigkeit, die Temperaturen richtig einzuschätzen, der Erfolg des Schmelzens abhing. Auf dem Bild scheint mit dieser schwierigen Aufgabe ein Knabe befasst zu sein. Nun konnten die hier deutlich als ältere Personen gezeichneten Glasbläser mit ihren Pfeifen die Schmelze den Hafen entnehmen und durch Blasen in die Pfeife formen. Die fertigen Teile wanderten in den mit einem Loch mit dem Hauptofen verbundenen Kühlofen daneben, in dem aber immer noch ca. 400° C herrschten. Dort kühlte sich das Glas nach Verschließen der Verbindung zum Hauptofen zur Verhinderung von Spannungen im

Abbildung 17: Böhmische Waldglashütte. Erklärung im Text. Voyage d'outre mer, deutsch: Reisen des Ritters John Mandeville vom Heiligen Land ins ferne Asien: 1322-1356. British Library Ms Additional 24189, fol 16r. Ca. 1410–1420.

Glas oder gar Bruch sehr langsam über Nacht ab. Hinter dem Ofen prüft ein Arbeiter das Endprodukt auf Fehler.

Zahlreiche Fehler konnten die Qualität des Glases beeinträchtigen. Die meisten betrafen eine ungewollte Verfärbung, die metallischen Beimengungen im Sand oder in nicht sorgfältig ausgewählten Kiesen geschuldet waren. In unserem Zusammenhang interessieren die Fehler, die Auswirkung auf die Hitzebeständigkeit hatten:

1. Beim Schmelzen bildete sich an der Oberfläche die sogenannte Glasgalle aus Alkalisulfaten und unlöslichen Teilen von Flussmitteln. Dagegen half nur das Abschöpfen und Umfüllen der Schmelze in kaltes Wasser mit anschließendem erneutem Schmelzen. Wenn es schlecht lief, musste der Vorgang mehrmals wiederholt werden. Unterblieb die Reinigung, resultierte minderwertiges Glas.
2. Wenn beim Eintragen des Sand- und Aschegemenges die Ofentemperatur noch zu niedrig war, begann das Flussmittel zu schmelzen, bevor der Sand heiß genug für eine Einwirkung des Flussmittels war. Dann lagerten sich Sandpartikel auf dem Boden des Hafens ab, die später in die Schmelze gerieten und als kleine Körner und Höcker in der Glaswandung auftauchten.
3. Winzige Gasblasen machten das Glas wolkig. Auch sie entstanden beim zu frühen Eintragen in den Ofen. Die Gasblasen stiegen dann nicht an die Oberfläche, sondern blieben in der Masse verteilt. Oder sie sammelten sich zu Gruppen in einem ansonsten makellosen Glas, wenn beim Ausarbeiten Staub darauf fiel.
4. Vom Gewölbe des Ofens konnte zähflüssiges Glas in den Hafen abtropfen, das zur Schlierenbildung führte.[40]

Unter Hitzeeinwirkung wirkten diese Artefaktur wie Sollbruchstellen, Orte, an denen die Homogenität des Glases gestört und durch Einsprengsel mit einer sprunghaften Veränderung der Wärmeleitfähigkeit Spannungen auslösen konnten. Ercker hat venezianisches Glas wegen seiner Reinheit bevorzugt, aber auf alle Fälle zur Sicherheit noch einen speziellen Lehmmantel um die Destillationskolben gelegt.

Atempause zwischen Bergwerk und Handwerk

Bei der Beschreibung chemischer Prozesse in den einzelnen Stufen handwerklicher Verfahren kann man schnell den Überblick verlieren. Die komprimierte Formelsprache der modernen Chemie ihrerseits verdeckt, was ich hier erklären will: Wie Bergwerks- und Hüttenleute aus reichhaltigen Schwefelkiesen einzelne, wohl definierte Substanzen isolierten, ohne über eine auf Atom und Molekül basierte wissenschaftliche Sprache zurückgreifen zu können. Damit sich die in einer chemischen Formel ausgedrückte Reaktion in großem Maßstab abspielte, mussten erst einmal die Bedingungen dafür geschaffen und diese über einen langen Zeitraum stabil gehalten oder dem Verlauf angepasst werden. Man kann das Vorgehen der Handwerker daher nur verstehen, wenn man jeden einzelnen ihrer Schritte nachvollzieht und dabei ein Gespür für die Rationalität ihres Handelns entwickelt. Manche ihrer Schritte haben ein besonderes Gewicht und sind entscheidend für den Erfolg. Dies gilt z.B. für den kunstvollen Aufbau der Röstpyramide zur Scheidung des Schwefels aus den Metallsulfiden der Kiese. Das gilt auch für die Zusammensetzung der Dichtungen bei der Destillation von Eisenvitriol zu hochkonzentrierter Schwefelsäure oder des Gemenges von Salpeter und Vitriol zu Scheidewasser, auch wenn uns dies heute bei entwickelter Technologie als nebensächlich erscheint. Dichtungen waren deshalb ein Problem, weil sie mit der Ausdehnung des Materials bei Hitze und seiner Schrumpfung bei Abkühlung zurechtkommen mussten. Die Probierer und die Nordhäuser Oleumproduzenten waren sich darüber völlig im Klaren. Auch andere Schritte in den Verfahren scheinen für uns nur eine geringe Bedeutung für den Erfolg zu haben, etwa das Material für Tiegel und Kupellen oder die Durchführung der zweiten und dritten Röstung der Kiese unter einem Dach. Bei genauem Hinschauen ist zu erkennen, dass die korrekte Konstruktion der Tiegel und Kapellen eine wichtige Voraussetzung für den Erfolg des Scheidens war und die Wiederholung der Arbeitsgänge an einem bedachten Ort und in geschützten Öfen nicht nur zu einer größeren Ausbeute der schon gewonnenen Substanzen, sondern darüber hinaus zu weiteren führten. Die Verfahren mussten sich immer rechnen. Bergbau und Verhüttung waren ein Geschäft, keine wissenschaftliche Veranstaltung.

Das wussten selbst die Pfarrer in den Bergwerksorten. Sie verbanden geschickt die Vermittlung der Bergwerks- und Hüttenpraxis mit ihren

Moralpredigten. Berühmtes Vorbild war der Pfarrer der Silberstadt St. Joachimstal, Johannes Mathesius (1504–1565) mit seiner *Bergpostilla Oder Sarepta,* dem in der Folgezeit viele nacheiferten. Der Jesuit Matthias von Schönberg (1734–1792) sprach von einem *Geistlichen Bergwerk, mit neun reichen Goldadern,* der Münchner Franziskaner Sabinian Fritsch 1744 von *Geistliche Metallgrube oder Geistliches Bergwerk* und der Diener des göttlichen Wortes aus Zellerfeld, der Magister Petrus Eichholtz 1655 vom *Geistlichen Bergwerck,* in dem ein Frontispiz den Ablauf der Verhüttung bis zur ersehnten Gold- und Silbermünze schildert. Man erntete reichlich, was Gott gesät hatte, und die Pfarrer halfen dabei (Abbildung 18).

In den bisherigen Beschreibungen habe ich folgende Substanzen im Zusammenhang mit Schwefelsäure erwähnt, die von den Hüttenleuten in ihren Eigenschaften klar definiert und eindeutig als selbständige Agentien mit bekannten Reaktionen eingesetzt wurden:

- Schwefel, Bestandteil des Schwarzpulvers
- Eisenvitriol, Eisensulfat, für Ledergerber und Schwarzfärber und Grundlage der Eisengallustinte
- Oleum, rauchende Schwefelsäure
- Caput Mortuum, Eisenoxid, ein Farbstoffpigment
- Scheidewasser, Salpetersäure

Nur am Rande spielten bisher Pottasche (Kaliumkarbonat) und Soda (Natriumkarbonat) für Glashütten, und Salpeter (Kaliumnitrat) für Scheidewasser eine Rolle. Diese für sehr viele Gewerke unentbehrlichen Salze wurden nicht in den Hüttenwerken, sondern in speziellen Siedereien gewonnen. Soda, Pottasche und Salpeter waren der Motor der handwerklichen Chemie und Oleum sein Schmiermittel. Je höher dieser Motor drehte, desto wichtiger wurde Oleum für seinen reibungslosen Betrieb: ohne Salze keine Säuren und ohne Säuren kein Scheide- und Königswasser. Die Chemie der Metallsalze wurde in den Hütten, die der Mineralsalze im Handwerk praktiziert.

Für ihre Langzeitwirkung fast noch wichtiger als die Kenntnis der Substanzen ist das Wissen um die Reaktionen, die sie eingehen können, und die Fähigkeit zur zielgerichteten Steuerung in wohl definierten Zwischenschritten. Um Schwefel und Vitriole aus den Kiesen zu gewinnen und aus ihren Metallverbindungen zu scheiden, wurden Trennverfahren praktiziert, die zum Handwerkszeug der technischen Chemie geworden sind und denen die experimentelle und theoretische Chemie ihre ersten

Abbildung 18: Petrus Eicholtz, Geistliches Bergwercks 1. Theil. Goslar 1655. Teil des Frontispiz mit der Darstellung gebräuchlicher Hüttenöfen und einer Münzwerkstatt.

Einsichten verdankt: Zersetzung von Mineralien durch Verwitterung, Trennung nach Korngröße, Ausfällen aus einer Lösung durch Zugabe einer weiteren Substanz, Trennung nach unterschiedlichen Schmelz- und Siedepunkten, fraktionierte Destillation durch Überführung in einen gasförmigen Zustand, Kristallisation von Salzen aus einer Lösung durch Abkühlung, Trennung durch unterschiedliche Affinitäten von Substanzen zueinander (»Verwandtschaft«), Trennung durch Oxidation (»verkalken«), Trennung durch Herabsetzung des Schmelzpunktes (Flussmittel), Trennung durch Umschmelzen von Schlacken, Trennung durch Zugabe von Säure (Scheidewasser), Trennung von edlen und unedlen Metallen durch Zementation in einer Salzlösung.

Diese Verfahren erbrachten nicht immer und vor allem nicht auf Anhieb die gewünschten Ergebnisse. Eine hundertprozentige Reinheit war vor allem aus ökonomischen Gründen kaum erstrebenswert. Sie hätte zu einer mehrfachen Wiederholung der zeitaufwändigen und teuren Prozesse geführt. Also behalf man sich mit dem, was bezahlbar war, oder man versuchte, die rohen, nicht geläuterten Zwischenprodukte in Gewerken weiter zu verwenden, die nicht auf absolute Reinheit angewiesen waren.

Es war z.B. für viele Reaktionen mit Schwefelsäure wenig sinnvoll, auf die hoch konzentrierte rauchende zurückzugreifen, da sie nur in verdünnten Lösungen abliefen. Rohe Pottasche-Lauge reichte für einfaches Waldglas, und das mit Kupfervitriol verunreinigte Eisenvitriol erwies sich als besonders wirkungsvoll beim Schwarzfärben von Leder. Hohe Konzentrationen gelöster Stoffe oder reine Salze konnten Transportkosten reduzieren. Es wurde dann die Rechnung aufgemacht zwischen den Kosten für die Läuterung und der möglichen Einsparung beim immer heiklen Transport in gefährdeten Behältern. So wurde das, was sich heute so glatt in Formeln einer von allen störenden Beimengungen gereinigten Chemie ausdrücken lässt, zum Gegenstand komplizierter wirtschaftlicher Erwägungen, durchaus vergleichbar mit denen der chemischen Industrie.

Im Verlauf des 18. Jahrhunderts wird die Ökonomie der oft schon Jahrhunderte alten handwerklichen Verfahren einer genauen Prüfung unterzogen, Arbeitsabläufe nach dem Vorbild von Manufakturen geordnet, bestimmte Betriebsgrößen für sinnvollen Kapitaleinsatz durchgerechnet und fragwürdige eingeschliffene Vorstellungen ihres Mythos beraubt. Das spielte sich zwar immer noch auf der Ebene der handwerklichen Produktion ab, war aber bereits Ausdruck einer gestiegenen Nachfrage und einer verschärften Konkurrenz um die besten und einträglichsten Methoden, den Ausstoß zu steigern. Das Augenmerk lag vor allem auf den Massenprodukten, auf Salpeter für Schwarzpulver, auf Soda für Glas und Seife, auf Pottasche für die Bleiche und auf Schwefelsäure für die Textilbleiche- und -färberei.

Salpeter – ein dreckiges Geschäft

Metalle holte man aus dem Berg, Salpeter aus der Erde. Salpeter (Kaliumnitrat) wurde für die Destillation des Scheidewassers gebraucht. Das waren eher kleine Mengen. Entscheidend für die Massenproduktion des Salpeters bereits unter den Bedingungen des Handwerks war Schwarzpulver, eine Mischung aus 75 % Salpeter, 10 % Schwefel und 15 % Holzkohle. Kriege bestimmten die Nachfrage. Nördlich der Alpen kam der Schwefel aus dem beschriebenen Abrösten der Kiese und aus sizilianischem Import, die Holzkohle bevorzugt aus dem Verkohlen der Fasern von Faulbäumen, die zu Kohlenstoff mit einem nur geringem Rückstand von Asche verbrennen. Die Asche zum Auslaugen des Salpeters sollte dagegen viel Kaliumkarbonat (Pottasche) und möglichst wenig Kohlenstoff enthalten.

Die Salpeterproduktion war ein stinkendes und von der Obrigkeit mit misstrauischer Nase beschnüffeltes Geschäft, das den freien Handel ausschloss und staatlichem Monopol unterordnete. Sie gehorchte dem Gesetz des Krieges auch in Friedenszeiten, und wenn man die zahlreichen Verordnungen des 18. Jahrhunderts liest, mit denen die Untertanen drangsaliert und zur Erzeugung und Abgabe von Salpeter aus ihren Ställen, Kellerwänden und auf den Äckern gezwungen wurden, spürt man den scharfen Wind des permanenten Ausnahmezustandes, in dem selbstherrliche und nicht selten korrupte Inspektoren und Salpetersieder, die sich für die Schonung einzelner Gehöfte bezahlen ließen, ein ständiges Gefühl der Überwachung erzeugten, mit unangemeldeten Kontrollen auch nachts, zerstörerischem Vorgehen in den Gebäuden beim Abgraben der Erde, Sieden vor Ort in Kupferkesseln der Bauern und Abtransport tonnenschwerer Erde mit deren Zugvieh.

Salpetersieder, die den rohen Salpeter abzukratzen, auszugraben und zum reinen Endprodukt zu läutern hatten, mussten sich in ihrer Produktion unter kameralistischem Regime an penible staatliche Vorgaben halten und ihre gesamte Ware zu meist festgelegten niedrigen Preisen direkt an die Magazine des Landesherrn abgeben. Alle anderen, die Salpeter brauchten, wie Apotheker, Münzen und Hüttenwerke, hatten sich dort einzudecken, was einem blühenden Schwarzhandel der Salpetersieder Vorschub leistete. Einen kleinen Eindruck der herrschenden Willkür vermittelt ein »Auszug aus der Instruction für jeden Specialaufseher auf die Salpeterwände und Grudenhäuser (Strohaschehäuser) in den Städten und Dörfern des zu Preußen gehörigen Herzogthums Magdeburg und

Fürstenthums Halberstadt«, vier Jahre nach Beendigung des Siebenjährigen Krieges:

»Berlin, den 1sten März 1767.
§. 1.
1) Soll der Specialaufseher dahin sehen, daß Niemand die Salpetersieder von Abkratzung und Abholung der Salpetererde von den Wänden und Grabung derselben in den Scheunen, Kellern, Schaaf= und andern Ställen etc. oder was sie sonst zum Salpeter aufzuräumen dienlich finden, auf den Straßen, in alten Gebäuden, Kreuzgängen, jedoch bei letzteren ohne Behinderung des Gottesdienstes, etc., abhält.
2) Soll der Salpetersieder nicht gezwungen werden eher dergleichen Oerter, woselbst Salpetererde befindlich ist, zu verlassen, als bis solche rein ausgegraben und abgekratzt worden, zu welchem Ende denn auch Jedermann schuldig und verbunden ist, diejenigen verschlossenen Oerter, woselbst dergleichen gute Erde zu vermuthen, ohne Widerrede zu öffnen.
3) Sollen die Salpetersieder sich nicht unterstehen über 2 Zoll (ca. 6 cm) tief von den Wänden auf einmal abzukratzen und die Erde in den Scheunen, Kellern, Schuppen, Schaaf= und andern Ställen etc. nicht tiefer als höchstens 6 Zoll (ca. 20 cm) ausgraben …«[41]

Die Untertanen durften deshalb Ställe und Scheunen nicht pflastern, selbst wenn sie wegen eines zu feuchten Untergrunds in Dreck und Schlamm wateten, statt sich auf einer festgetretenen »Dungmatraze« zu bewegen.[42] Sie mussten auf ihrem Grund und Boden Mauern aus Kalk, vermischt mit Schafmist (Wellerwände) errichten, an denen der Salpeter wachsen konnte, und dafür auch Hecken roden. Sie hatten ihren Mist und ihre Jauche und andere für die Düngung vorgesehenen organischen Abfälle an die Salpetersiedereien abzuliefern. Die zum Auslaugen des Kaliumnitrats notwendige Asche mit ihren Kalisalzen war besonders heiß umkämpft. In Württemberg konnte sie nach einer Verordnung von 1747 von den Salpetersiedern zur Deckung ihres Bedarfs konfisziert werden (»fortzunehmen und auszulösen«), falls sie nicht ihnen, sondern an auswärtige Seifensieder, Färber oder Pottaschebrenner verkauft werden sollte.[43] Und die Salpetersieder wurden zur Produktion einer bestimmten Jahresmenge verpflichtet, wodurch sich der demütigende Druck auf die Bevölkerung noch weiter erhöhte. Die Salpetersieder wiederum waren nicht nur erpresserische Büttel, sondern als räuberische Nomaden oder Halbnomaden auch Getriebene eines erbarmungslosen Regimes.

Da die Salpetergewinnung unter Staatsaufsicht tief in den Kreislauf handwerklicher Produktion eingegriffen hat, würde ein Versuch, ihr Netzwerk am Beispiel der Schwefelsäure ohne diesen wichtigen Akteur zu beschreiben, nur ein lückenhaftes Bild ergeben. Denn obwohl die Schwefelsäure nicht direkt in die Salpeter- und Schießpulverproduktion involviert war, so war sie es doch indirekt bei der Herstellung des Scheidewassers und über das Abrösten der Schwefelkiese mit dem Schwefel im Schwarzpulver. Die Produktion des Schwefels wiederum war eng mit der des Vitriols verknüpft, und die Holzvorräte für Kohle und Pottasche waren begrenzt. Der Salpeter, der Schwefel und die Kohle des Kriegshandwerks konnten viele Kanäle ziviler Produktion austrocknen, das Angebot verknappen und so die Preise erhöhen. Das galt auch für die Transportkapazitäten der betroffenen Bauern, mit deren Fuhrwerken die hunderte Tonnen schweren Erdfrachten zu den Salpetersiedereien gefahren wurden.

Die sofort fühlbare Wirkung für die Bevölkerung auf dem Land und im Umland der Städte bestand jedoch im Entzug von besonders fruchtbaren mineralhaltigen Lehmböden für die »Gärten« oder »Plantagen« (Abbildung 19, Seite 80) in denen der Salpeter in aufgeschütteten Erdgruben »wachsen« sollte, um ihn »ernten« zu können, als es den inzwischen leidlich ausgebildeten Inspektoren um die Mitte des 18. Jahrhunderts auch in Preußen und anderen Gebieten Deutschlands dämmerte, dass sich die Nitratbildung in gut durchlüfteten Böden um ein Vielfaches gegenüber einer an festen Lehmmauern oder an gemauerten Kellerwänden steigern ließ.[44] Denn Nitrate (NO_3) entstehen in Folge der Bindung des Luftstickstoffes an Pflanzen und ihrer Fixierung durch Bakterien im Boden. Zur Nitratbildung ist Sauerstoff eine notwendige Bedingung. Es ist dieser Sauerstoff des Kaliumnitrats, der nach Zündung in der Mischung mit Schwefel und Holzkohle explodiert und die Gase das Geschoss aus dem Lauf von Gewehr und Kanone jagen (Abbildung 20, Seite 81). Die zur Salpetergewinnung eingetragenen tierischen Abfälle und Ausscheidungsprodukte waren nichts anderes als eine beschleunigte Zufuhr des notwendigen Stickstoffes für die Bakterien des Bodens, den sie sonst aus dem eingefangenen Luftstickstoff der Pflanzen alleine bezogen hätten. Der in den Fäkalien enthaltene Harnstoff wird durch Bakterien über Ammonium (NH_4) und weitere Zwischenschritte mit Hilfe des beigemischten Kalks oder Bauschutts und der Pflanzenasche (in den Salpeterverordnungen war das Strohasche) ebenfalls in Nitrat umgewandelt, das sich als ein Salzgemisch zusammen mit dem gewünschten Kaliumnitrat im Boden

Abbildung 19: Eine Salpeterhütte A mit den alten Halden C, die im Vordergrund von einem Arbeiter abgegraben werden, und dem Holzstapel D zum Sieden. Im vorderen Teil der Hütte stehen die Laugenbütten, im hinteren Teil B wird gesotten. Gut ins Bild gesetzt der immense Landschaftsverbrauch der Salpeterplantage. Lazarus Ercker, Aula subterranea. Frankfurt 1672, S. 133.

anreichert. Der Landwirtschaft wurden somit wertvoller Dünger in Form von Nitraten (Mist und Jauche) und in Form von Kalisalzen (Strohasche) entzogen.

Diese erst im Verlauf des 19. Jahrhunderts in ihrer ganzen Tragweite begriffenen Zusammenhänge bei der Bildung des Salpeters haben nicht

Abbildung 20: Der Autor des Bellifortis, eines Buches über Kriegshandwerk, Konrad Kyeser (1366 – nach 1405), war nach medizinischen und juristischen Studien im Hofdienst von Sigismund von Ungarn und Wenzel von Böhmen. Eines seiner zehn Kapitel handelt vom Gebrauch der Schusswaffen. Diese Abbildung wurde erst um 1460 angefertigt. Sie zeigt ein einfaches Rohr, das durch ein Loch mit Hilfe eines glühenden Spans gezündet wird. Für die umständlichen Vorbereitungen musste der geharnischte Ritter vom Pferd steigen, ein erster Abgesang auf seine Kampfweise. Konrad Kyeser, Bellifortis 1405. Ms germ. qu. 15, fol 95r (S.191) Universitätsbibliothek Frankfurt am Main. Blattgröße 295 mm x 215 mm. Das Manuskript besteht ausschließlich aus Bildern.

unwesentlich zur Entwicklung von Kunstdünger beigetragen. Die Gewinnung von Salpetererde war ja im Kern nichts anderes als ein besonders raffiniertes Verfahren der Kompostierung, und es war spätestens seit dem

17. Jahrhundert bekannt, dass »Salpeterwasser« aus ausgelaugter Salpetererde das Pflanzenwachstum fördert:

»Es ist in der ganzen Natur kein allgemeineres Salz, denn der Salpeter, das durch die gantze Welt zerstreuet, und in den Mischungen so würckend lieget, als ob er die Behältnüß des Welt=Geistes wäre, ohne welchen niemand leben kan, indem er allen Sachen das Leben und Wachstum giebet.«[45]

Ein schönes Bild: Nitrate (NO_3) als Behälter für Sauerstoff und Stickstoff. Schröder zitiert den Arzt und Reichsarchivar von Dänemark, Olaus Wormius (1588–1654) mit dessen *Museum Wormianum* von 1655.

In den in der zweiten Hälfte des 18. Jahrhunderts angelegten Kompostierungsanlagen waren die Erdhaufen gegen Regen und Sonne mit Strohdächern abgedeckt, und sie wurden regelmäßig mit Jauche und Urin übergossen und zur Durchlüftung umgegraben. Solche Anlagen produzierten nach jahrelanger »Naturarbeit«[46] in der Größenordnung von 100 Zentnern Salpeter pro Jahr. Bevor es soweit war, musste die Erde ausgelaugt, der Salpeter »herausgezogen« und in kristalliner Form rein dargestellt (»zum Crystallisiren geschickt gemacht«) werden. Aus einem Kompostierungsverfahren, das seine Ursprünge in der Landwirtschaft hatte, wurde nun ein chemischer Prozess, den in seinen Grundzügen auch Seifensieder und Pottaschesieder praktizierten. Er wurde schon 1580 von Lazarus Ercker beschrieben und hat sich seither kaum geändert.

Die Besonderheit beim Auslaugen des Salpeters aus der vorbehandelten Erde lag in der Kombination zweier Laugen, die durch Beschickung derselben Bütte vorbereitet wurde, des Salpeters (Kaliumnitrat) und der Asche (Kaliumkarbonat). Unter die nitrathaltige Erde schichtete man in einem ersten Arbeitsgang Stroh und Asche, um sie in einem zweiten, gut durchmischt, weiter auszulaugen. Die aus den unterschiedlichen Einträgen gelösten Salze reagierten in der Lauge, in der das Salpetersalz nun so stark angereichert vorlag, dass es auskristallisieren konnte. Das Verfahren erforderte einen hohen Arbeitsaufwand, Schichtarbeit rund um die Uhr inbegriffen.

Die Bütten auf Erckers Darstellung (Abbildung 21) haben einen zweiten, durchlöcherten Boden, auf den eine Schicht aus Schilf oder Stroh gelegt wird, darauf schmale Brettchen, die ein Verrutschen des Strohs verhindern sollen. Es folgen »2 oder 3 Laufkarren« auf Halden abgelagerte Gerber- oder Seifensiederasche, schließlich die Erde, die ausgelaugt

Abbildung 21: Acht Bütten zum Auslaugen der Erde und anschließendem Sieden der Lauge. Beschreibung im Text. Lazarus Ercker, Aula subterranea. Frankfurt 1672, S. 128.

werden soll. Eine Lage Reisig schließt die Erde ab. Schließlich lässt man Wasser in die vier Bütten (A) auf der rechten Seite einlaufen und acht Stunden stehen. Dann öffnet man das Zapfloch am Boden der Bütte und prüft, ob sie klar ist. Ist sie das nicht, wird sie wieder oben aufgegossen. Die Prüfung wird so lange wiederholt, bis die Lauge klar ist und in den »Sumpf« (D) abgelassen werden kann. Diese nennt man die schwache Lauge. In die schon einmal ausgelaugten Bütten wird ein zweites Mal Wasser eingelassen, um sie vollends auszulaugen. Die durch das »Auswässern« weiter abgeschwächte schwache Lauge im Sumpf wird an Stelle von Wasser auf neue Erde in den vier Bütten auf der linken Seite (A) gegossen, und man erhält nach der üblichen Wartezeit von acht Stunden die rohe Lauge, die jetzt zum Sieden im Ofen (F) stark genug ist. Sie enthält drei bis vier Pfund Salpeter pro Bütte.

Das Auslaugen wird so organisiert, dass immer genug vorhanden ist, um Tag und Nacht zu sieden, so dass »die fortwährend fließende Lauge ein Feiern beim Sieden nicht gestattet«. Auf der Abbildung vorne links läuft die Lauge ständig in den siedenden Kessel und ersetzt den abgesottenen Sud. Nach zwei Tagen und einer Nacht des Siedens enthält die starke Lauge nun 25 Pfund Salpeter, sechs bis sieben Mal so viel wie die zuerst gewonnene schwache Lauge. Aber damit war der Prozess noch längst nicht beendet, denn nun folgte die Zugabe kaliumkarbonatreicher Aschen in speziell konstruierten Bütten, um auch noch die letzten Reste der Nitrate in der gesottenen Lauge in Kaliumnitrat umzuwandeln:

»Du mußt auch noch 2 Bütten einbauen, die einen durchlöcherten Boden aufweisen und ebenfalls mit dem oben erwähnten Schilf oder Rohrboden versehen sein müssen. Nur soll hier außerdem noch auf das Schilf ein zweiter durchlöcherter Boden gelegt werden, auf den man dann ein wenig zerhacktes Stroh schüttet. Mische nun die Asche von Buchen-, Tannen- oder anderem guten Holz, am besten solche von Ulmen (sie enthalten relativ viel Kaliumkarbonat, H.V.), mit warmer und guter Lauge fein untereinander und bring diese feuchte Asche in einer Höhe von 1 Elle auf das Stroh oder noch höher, falls man solche Asche billig kaufen kann. Auf diese Asche gieß jetzt die 25 Pfund haltige Lauge siedend heiß und laß sie gemächlich durchsickern. Läuft die Lauge trüb aus dem Zapfloch, so gib sie solange wieder oben in die Bütte, bis sie klar herausrinnt.«[47]

Diese angereicherte Lauge wird noch einmal über die soeben ausgelaugte Asche gegossen, und man erhält »den starken Nachdruck oder Auszug«, eine minder gute Lauge, die noch einmal in gleicher Weise zu einem schwachen Nachdruck verdünnt wird. Sie dient zur Bereitung eines Suds mit der starken Lauge und wird weiter gesotten. Dann erst ist sie stark genug zum »Wachsen« oder Auskristallisieren und lagert sich am Grund des Kessels ab, wo sie mit einem kupfernen Löffel ausgeschöpft und verrührt wird. Der Schaum, der sich dauernd an der Oberfläche bildet, wird regelmäßig abgeschöpft, schließlich eine Probe des Suds entnommen und in einem Kupferschälchen »auf kaltes Wasser gesetzt«. Kristallisiert Salpeter aus, ist die »Probe recht«. Ein weiteres positives Zeichen ist, wenn die Probe wie Öl an der Kupferkelle abfließt.

Im nächsten Schritt lässt man die gesättigte Lauge in einer besonders starken, aus Tannenholz gefertigte Bütte abkühlen, bis der Schlamm sich abgesetzt hat und »das Salz sich grobkörnig an das Holz schlägt«. Ist der Sud nur noch so heiß, dass man gerade noch einen Finger hineinstecken kann, wird er in tiefe, in die Erde eingelassenen Tröge oder Kupferkessel abgelassen. »Je kälter die Kessel stehen, desto grobkörniger scheidet sich darin der rohe Salpeter ab«, teils weiß, teils gelb, teils schwarzbraun.[48] Die großen Kristalle entstehen beim langsamen Abkühlen. Zwei Tage und zwei Nächte steht der Sud zum Auskristallisieren, dann gießt man die übrig gebliebene Lauge zur Wiederverwendung ab.

Der rohe Salpeter wird in Trögen, die ein Loch haben, getrocknet. In dieser Form kann er verkauft werden und wurde auch oft so verkauft, da das nachfolgende Verfahren der Läuterung sehr aufwändig war, zusätzliche Materialien und ein ordentliches Wissen über das Verhalten von Salzen in Lösungen benötigte. Das Läuterungsverfahren ist so etwas wie die Visitenkarte der handwerklichen Salzchemie. Es zeigt die Hartnäckigkeit und das Geschick, mit dem die vielfältigen Verunreinigungen des Salpeters beseitigt wurden, die noch in der Lauge der verkoteten Erde und der abgekratzten Kellerwände vorhanden waren. Erst der geläuterte Salpeter war für Schwarzpulver brauchbar.

Unter *Läuterung* verstanden die Handwerker ein Verfahren zur Reinigung einer Lösung von ungewollten Beimengungen. Sie sahen in ihr eine Art Waschvorgang, aber tatsächlich handelte es sich oftmals um Reaktionen, die zur Ausfällung unerwünschter Substanzen durch ihre chemische Umwandlung führten. So auch bei der Läuterung des Rohsalpeters. Sie erfolgte in zwei Schritten. Im ersten wird ein mit klarem Brunnenwasser angefüllter Kessel mit Rohsalpeter gesättigt, indem er bei langsam ansteigender Hitze unter Umrühren nach und nach eingegeben wird bis die Lauge kocht. Am Grund des Kessels hat sich jetzt ein Salz abgesetzt, das mit einer Kelle entfernt wird. Es ist das Salz, das »nicht so leicht zergeht« wie der Salpeter, eine Mischung schwer löslicher Salze. Hier wurde die unterschiedliche Löslichkeit der Salze bei ansteigender Temperatur zur Trennung benutzt. In einem kochenden Sud von 100 g Wasser lösen sich 245 g Kaliumnitrat (Salpeter), aber nur knapp 40 g Kochsalz oder 56 g Kaliumchlorid. Schwer lösliche Kalziumsalze wie Gips (Kalziumsulfat) werden mit steigender Temperatur vollkommen unlöslich.

Der nächste Trennschritt erfolgt durch zweimalige Zugabe von einem Pfund Weinessig in den leicht siedenden Sud, der daraufhin einen »schwarzen Feim (Schaum) auswirft; denn Essig reinigt«. Der Schaum verdickt sich beim weiteren Sieden, so dass er leicht abgehoben werden kann. Zu Erckers Zeiten und bis weit in das 18. Jahrhundert wurde Weinstein als Säure angesehen, so dass Ercker hier mit einem Pfund Weinessig sicher Weinstein meinte, eine Mischung aus schwer löslichen Salzen der Weinsäure, überwiegend ihres Kaliumsalzes. Dieses Kaliumhydrogentartrat bildet mit Kalk- und Metallsalzen einen schwer löslichen Komplex, der sich hier allmählich an der siedenden Oberfläche als schwarzer Schaum ansammelt und entfernt wird. Nun können sich alle Kaliumionen mit den in der Lauge vorhandenen Nitrationen verbinden. Die Zugabe von Weinstein führte also nicht zu einer einfachen »Reinigung«, sondern zu einer chemischen Reaktion, in der Kalzium durch Kalium ersetzt und dadurch Kaliumnitrat so stark angereichert wurde, dass er rein auskristallisieren konnte.[49]

Beim Auskristallisieren achtete Ercker peinlich auf allmähliche Abkühlung in einem in die Erde vergrabenen und mit Tüchern abgedeckten Kessel. Der Salpeter sollte drei bis vier Tage Zeit zum Wachsen haben und wurde dann von den Wänden des Kessels abgekratzt. Während des gesamten langen Verfahrens hat Ercker immer wieder Proben mit einer Kupferkelle dem Sud entnommen, um die Fähigkeit der Lauge zur Kristallisation zu testen. Davon machte er einen eventuell notwendigen weiteren Zyklus abhängig.

Noch vor dem Beginn des Auslaugens testete er die angelieferte Erde auf Beimischungen von Vitriol, das er in diesem Zusammenhang einfach als Salz bezeichnete. Er hat anscheinend die Erfahrung gemacht, dass die in der Umgebung des Rammelsbergs angelieferte Erde oftmals Vitriol enthielt und über vergiftete Gewässer weiträumig in den Boden geraten war.

»Wird eine solche Probe mit Fleiß und Umsicht vorgenommen, dann verhütet man, daß geringwertige und unwirksame salzige Erde eingeführt, abgelaugt und versotten wird ... Wo man Salz findet, dort ist die Erde nicht gut zu gebrauchen, auch wenn man in der Probe viel Salpeter nachweist. Eine arme Probe ist dann besser, vor allem dann, wenn der Salpeter auf den Kohlen rein verbrennt (d.h. ohne Rückstand, H.V.). Das Salz ist somit eine unnütze Zugabe, die stets vom Salpeter geläutert werden muß, weil sie starke Laugen abschwächt oder, wie die Erfahrung gegeben hat, oftmals sogar ganz verhindert.«[50]

Und Ercker legte großen Wert darauf, nichts von einer einmal gewonnen Lauge wegzuschütten, sondern sie als besseren, weil bereits angereicherten Ersatz für Wasser zu verwenden. Diese Sorgfalt bei den Proben und der Wiederverwertung wird vor allem durch den großen Aufwand an Arbeit und Materialien verständlich, der mit dem Transport der Erde und dem Auslaugen verbunden war.

Die Verfahren des Auslaugens, des Siedens und des Läuterns von Salpeter boten sich quasi von selbst für eine Straffung ihres Ablaufs in den Manufakturen an, als Kriege mit Feuerwaffen zur Regel geworden waren und die Nachfrage nach Schießpulver in die Höhe schnellte (Abbildung 22).

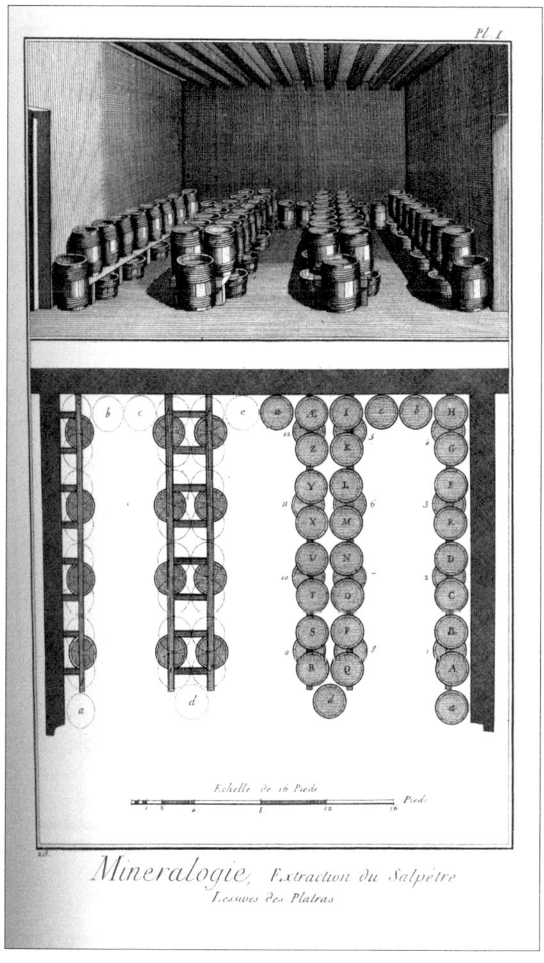

Abbildung 22: Auslaugen des Salpeters. Diderot et d'Alembert, Encyclopédie. Recueil de planches sur les sciences, les arts libéraux et les arts mécaniques avec leurs explication 1768. Vol. VI Salpètre Planche I.

Textilbleiche: Seife, Pottasche, Sauermilch oder Schwefelsäure

Bisher habe ich das chemische Handwerk rund um Vitriol und Oleum hauptsächlich dabei beobachtet, wie es Substanzen, die für verschiedene Gewerke von Interesse waren, dem Berg und der Erde entwand. Bei der Textilbleiche geht es um eine Praxis, die sich auf vorhandene Materialien stützt. Zeit: Mitte bis Ende des 18. Jahrhunderts. Orte: England, Holland, Frankreich. In dieser Zeit und an diesen Orten spielte sich der Übergang von einer handwerklichen zu ersten Ansätzen einer industriellen Textilbleiche ab, bei dem Schwefelsäure und Soda beinahe zwangsläufig ins Zentrum chemischer Verfahren gerieten. Sie verlief nahezu zeitgleich mit der Mechanisierung der Textilherstellung in England und rief Akteure auf den Plan, die bisher entweder, wie die Chemiker, in wissenschaftlichen Zirkeln verkehrten, oder wie die Industriellen, Produktionssteigerungen vor allem durch technische Neuerungen im Maschinenpark erreichen wollten. Beide entdeckten nun, angetrieben von einem Missverhältnis zwischen der expandierenden, immer schneller produzierenden englischen Textilindustrie, und der monatelangen Bleiche auf immer knapper werdenden Feldern, das ökonomische Potential, das im wissenschaftlichen Verständnis der Chemie des Handwerks steckt, und die reiche Ernte, die zu erwarten war, wenn es gelang, seine Verfahren zu verkürzen und in einer Fabrik zu konzentrieren. Nirgendwo ist das so augenfällig wie bei der Bleiche von Baumwolle und Leinen.

Bei der Bleiche geht es darum, den aus Leinen, Hanf oder Baumwolle frisch gewebten Stoffen ihre grau-grüne Naturfarbe zu nehmen, nicht zu verwechseln mit einer gewöhnlichen Haushaltsbleiche.

200 Jahre lang, bis zum Ende des 18. Jahrhunderts, waren es die Holländer, die den beinahe legendären Ruf genossen, das beste Weiß zu erzielen. Sie benutzten eine Lauge von in Seewasser gelöster Mischung von Aschen verschiedener Herkunft und danach Buttermilch. Auch bei der Säuerung mit Buttermilch war Holland im Vorteil. Sie stand dem führenden Käseproduzenten frisch vor Ort zur Verfügung und war nicht verdorben, wie so oft nach langem Transport oder ausgedehnter Vorratshaltung.

Das Bild Pieter Gijsels' (1621–1690) zeigt eine solche Anlage, die mit ihren Drainagen und Becken ganz auf das Bleichverfahren zugeschnitten war (Abbildung 23). Unter dem blauen Dach im Hintergrund werden

Abbildung 23: Bleichen mit der seltenen Darstellung der Methode des Anfeuchtens durch den Mann im Vordergrund. Erläuterungen im Text. Der Maler Peeter Gijsels (Peter Gysels) stammte aus Antwerpen und soll ein Schüler von Jan Breughel dem Jüngeren gewesen sein. Das Bild war nur auf Auktionen nachzuweisen. Öl auf Kupfer 22,6 cm x 31,6 cm (artnet).

die Stoffe mit Pottasche gekocht und mit Seife in sauberem Brunnenwasser gewaschen, in der Bildmitte wird in einem getrennten Becken gespült, und im Vordergrund befeuchtet ein Arbeiter mit einer Kelle die zwischen den Becken ausgelegten langen Bahnen gewebter Stoffe. Im Bild des Gerbrandt van den Eeckhout (1621–1674) werden mit Hilfe einer Walkmühle Stoffbahnen ausgewrungen, die im Hintergrund ein riesiges Feld bedecken (Abbildung 24, Seite 90). Bleichfelder waren in Holland vor allem um Harlem so allgegenwärtig und pittoresk, dass sich viele Künstler zu Bildern animieren ließen.[51]

Die abgebildeten Idyllen dürfen nicht darüber hinwegtäuschen, dass die ausgedehnten, Fußballfeld großen Bleichfelder der landwirtschaftlichen Nutzung entzogen waren, und der Druck, immer mehr Flächen für die Bleiche bereit zu stellen, nahm mit der schnellen Produktionssteigerung der britischen Textilmanufakturen ständig zu. Buttermilch und Molke, die Säuerungsmittel für die Bleiche, fehlten bei der Schweinemast,

Abbildung 24: Leinenbleiche bei Haarlem. Gerbrandt van den Eeckhout. Aquarell, Tinte, Kreide auf Papier. Ca. 1659–1665. Rijksmuseum Amsterdam.

und Asche (Soda oder Pottasche) konkurrierte mit ihrem Gebrauch in Glashütten und in Salpeter- und Seifensiedereien, was sie bei zunehmender Holzverknappung und steigenden Transportkosten verteuerte.

Die Bleiche der Stoffe zog sich mit hohem Arbeitsaufwand über mindestens acht Monate hin und durchlief mehrere Stufen der Behandlung, die teilweise mehrmals wiederholt wurden: 1. Auswaschen des vom Weber zum Schutz der Fäden benutzten Kleisters 2. Erhitzen mit Pottasche bis zum Kochen in einem mehrstufigen, immer wieder durch Waschen unterbrochenen Prozess, um Fettstoffe zu entfernen 3. Waschen mit Seife 4. Zwei Tage Ansäuern mit Buttermilch, um die Alkalien der Asche zu neutralisieren und 5. durch Spülen in Wasser zu eliminieren 6. teilweises Trocknen und wieder Anfeuchten, um Buttermilch restlos zu entfernen, anschließend Waschen mit Seife. Das Ansäuern und die daran anschließenden Schritte wurden sechs oder sieben Mal wiederholt 7. Spannen der Tücher unter ständigem Anfeuchten, anschließend drei bis sechs Monate lang in der Sonne auf eigens präparierten Grasflächen auslegen, um Farbreste auszubleichen 8. Ausspannen und Stärken. Im Einzelnen ist das Verfahren viel komplizierter als in der Raffung ersichtlich. Leinen z.B. benötigte wegen seiner grau-grünen Naturfarbe oftmals eine Wiederholung des einen oder anderen Verarbeitungsschrittes, während die nahezu weiße Baumwolle sehr viel leichter zu bleichen war.[52]

Englische Stoffe wurden im März nach Holland geschifft, um sie im Oktober gebleicht wieder abzuholen. Nicht nur die Transportkosten waren enorm, sondern auch die Kosten für das bis zu einem Jahr gebundene und von der Gnade des Wetters abhängige Kapital der Webereien, die zwar immer schneller und in immer größeren Mengen produzierten, aber zusehen mussten, wie ihr Zeit- und Geldvorteil in der unkalkulierbaren Sonne der Bleichfelder Hollands wieder dahin schmolz. Immer häufiger wichen die Produzenten auf die billigen irischen Bleichfelder aus, die den holländischen wegen des gelbstichigen Resultats bei weitem nicht das Wasser reichen konnten. Sie hatten auch deshalb einen schlechten Ruf, weil sie Gefahr liefen, an ihrem mangelhaften Management des schwierigen Prozesses ökonomisch zu scheitern.[53]

Um die Mitte des 18. Jahrhunderts wurde immer klarer, dass nicht nur eine schnellere Lösung für das Bleichverfahren gefunden werden musste, sondern auch eine, die die britische Abhängigkeit von der Moskauer und Danziger Asche (Pottasche) und der spanischen (Soda) beendete. Der englisch-spanische Krieg von 1739–1748 um die Karibik und der wieder aufgeflammte Konflikt zwischen beiden Ländern im Zuge des Siebenjährigen Krieges (1756–1763) hatten die allen anderen überlegene spanische Asche um das Doppelte bis Dreifache verteuert, da sie jetzt nur noch über ein Monopol zweier holländischer Firmen zu beziehen war. Darüber hinaus waren im Österreichischen Erbfolgekrieg (1740–1748) diese britisch-holländischen Handelsbeziehungen bedroht.

In diesen Krieg war der spätere erste Professor für Medizin in Edinburgh, Francis Home (1719–1813) als Sergeant in einem britischen Expeditionskorps geraten, das im Juli 1742 in Ostende landete und Winterquartier in Flandern bezog.[54] Er nutzte die gefechtsfreie Zeit zur Fortsetzung seines Medizinstudiums in Leiden, nur wenige Kilometer von Harlem entfernt, das für seine Bleichfelder berühmt war. Home wird mit dem Ende des europaweiten Konflikts 1748 nach Edinburgh zurückkehren und acht Jahre später die erste wissenschaftliche Studie über Textilbleiche veröffentlichen: *Experiments on Bleaching*.

Der schottische *Board of Trustees for the Improvement of fisheries and manufactures*, der seit seiner Gründung 1727 große Geldmengen zur Förderung der schottischen Industrie bereitstellte, war der Auftraggeber der Studie. Er belohnte die Experimente, die Home in einer Reihe von Vorlesungen vor Bleichern durchgeführt hatte, mit einem Preisgeld von 100 £ (Hauspersonal in Edinburgh verdiente ca. 4 £ im Jahr), und ihre Veröffentlichung erfolgte auf Wunsch dieses Auditoriums der Praktiker.

Home machte darin unter anderem den Vorschlag, verdünntes Oleum, also Schwefelsäure, statt Buttermilch zur Säuerung zu verwenden.

Sieben Jahre vorher hatten John Roebuck (1718–1794) und Samuel Garbett (1707–1803) in Prestonpans östlich von Edinburgh ihre Schwefelsäurefabrik nach dem Bleikammerverfahren eröffnet und damit auf die steigende Nachfrage aus der Medizin und als Lösungsmittel für Indigo in der Textilfärberei reagiert.[55] Home und Roebuck kannten sich gut. Sie waren im Dezember 1740 fast zeitgleich in die *Medical Society* von Edinburgh aufgenommen worden.[56] Zahlreiche Entwicklungsstränge des chemischen Handwerks liefen jetzt, wie von Geisterhand gesteuert, auf die Bearbeitung von Textilien zu, eingeleitet und eingefordert von der Mechanisierung der Webstühle und Spinnräder. Das fliegende Schiffchen beim Webstuhl hatte den Ausstoß an Stoffen bereits verdoppelt, die *Spinning Jenny* wird ihn ab 1764 vervielfachen. In Schottland stieg der Ausstoß an Leinen, das in den Handel kam, von ca. 7 350 yards 1748 auf ca. 11 800 yards 1768.[57]

Vor diesem Hintergrund wirkte die Arbeit Homes wie ein Weckruf für das Bleicherhandwerk in Europa, und sie wurde ins Französische (1762) und von da ins Deutsche (1771) übersetzt. Die zweite englische Ausgabe von 1771 versammelte darüber hinaus Essays von Joseph Black, James Ferguson und Davis Macbride, die neue Bleichverfahren vorschlugen und die ausgelöste Dynamik dokumentieren, mit der jetzt das Problem der langen, teuren und von ausländischen Materialien abhängigen Produktion angegangen wurde. Allein der Import der Aschen koste, so Home, Großbritannien und Irland jährlich 300 000 £.[58] Die Chemiker hatten eines ihrer großen Themen gefunden, mit dem sie sich für das Gewerbe nützlich machen konnten. Home drückte das Bestreben so aus:

»Falls die Chemie einst zu wild und extravagant war, so war sie seit Jahren zu zahm und beschränkt gewesen. Sie wagte sich selten weiter als bis zur Komposition einer Medizin, als ob das alles wäre, was sie der Menschheit zu bieten hat. Aber Chemie umfasst viel mehr.«[59]

Die Bleicher, so könnte man den Duktus seines Vorwortes zusammenfassen, leiden nicht an einem Mangel an Verstand und Geschick, sondern an einem Mangel an Chemie, die ihrem Verstand einen tieferen Einblick in ihre Praxis und bessere Möglichkeiten zu ihrer Steuerung eröffnet. Er hat sie eingehend beschrieben und ihren Verlauf durch Experimente mit Laugen und Säuren analysiert, um am Ende seine Proben dem Tuchhändler aus Glasgow, Alexander Chrystie, vorzulegen, der 1735 in Tulloch bei Perth Schottlands erstes und mit Erfolg betriebenes Bleichfeld angelegt hatte.[60] Homes *Experiments on Bleaching* sind ein Dokument des althergebrachten Bleicherhandwerks und zugleich seines angekündigten Niedergangs, denn der Doktor hat in die vermeintliche Stärkungspille das Gift der Schwefelsäure und erste Ansätze einer Salzanalyse der verschiedenen Pottaschen gemischt.

Homes Vorschlag, Schwefelsäure statt Buttermilch einzusetzen, erzielte wegen des enormen Zeitgewinns – Tage statt Wochen der Bleiche – die größte Aufmerksamkeit, aber die meisten seiner Experimente galten der Zusammensetzung der aus Moskau und der Umgebung von Danzig importierten Aschen und der Asche des an Schottlands Küsten geernteten und Soda liefernden Kelps. Er machte seine Untersuchungen, als eine Bestimmung von Natrium und Kalium und damit eine chemisch exakte Unterscheidung von Soda aus Kelp und Pottasche aus Holz noch nicht möglich war. Die Bestimmung von Natrium und Kalium gelang 1758 zum ersten Mal dem Berliner Apotheker und Chemiker Andreas Sigismund Marggraf (1709–1782) mit Hilfe der Flammenfärbung: Natrium verbrennt gelb, Kalium violett. Marggraf konnte auch zeigen, dass Kaliumkarbonat bereits in den Pflanzen enthalten ist und nicht erst beim Verbrennen zu Asche entsteht.[61]

Die fünf Komponenten der holländischen Pottasche stammten aus den Wäldern östlich der Oder, jedenfalls nennt Home keine einzige aus westeuropäischen Ländern: *blue ash* (aus Polen, stark schwefelhaltig. In Polen wurde die Holzasche oft in großen Gruben, statt in Öfen verkohlt, daher auch Grubenasche genannt. Der Handel erfolgte über Danzig), *white pearl ash* (aus Ungarn und Danzig), *Marcoft ash* (preußische Blauasche), *Cashub ash* (aus Danzig), *Muscovy ash* (aus Moskau).[62]

Die Endverbraucher der Pottasche konnten sich der Reinheit und des Kaliumkarbonatgehalts nie sicher sein, da es keinerlei Standard gab und die Brennereien, wie in Danzig, ihre Holzaschen verschiedener Qualität aus ökonomischen Gründen schon vor dem Brennen »nach Augenmaß« gemischt hatten. Was schließlich als Pottasche in Tonnen verpackt den Handel kam, waren mehr oder weniger blau oder braun gefärbte und mehr oder weniger verhärtete, mit dem Hammer zerschlagene Brocken eines Salzgemisches, das in diesem Zustand für eine Bleiche ohne unliebsame Überraschungen von in den Stoff eingebrannten Flecken beigemischter Substanzen nicht zu gebrauchen war.

»Die Regierung des Feuers, und die Bestimmung der Zeit, wie lange die Masse in dem Ofen bleibt, damit nicht eine zu starke Verbindung der aufgelösten Kalkerde mit dem Alkali geschehe, und dadurch die nachmahlige Auflösung desselben erschwert werde, macht einen Hauptttheil der Wissenschaft des Schmelzers einer jeglichen Fabrike aus.«[63]

Auch Kohleteilchen der Holzasche sollten eigentlich im Feuer der Schmelze verglühen, was häufig nicht der Fall war. Die »nachmahlige Auflösung« der Pottasche war dann das Problem, mit dem sich die Bleicher bei der Bereitung einer sauberen Lauge von möglichst reinem Kaliumkarbonat herumschlugen.

In der Umgebung von Danzig und Moskau war es vielerorts noch Brauch, das Aschebrennen in Erdgruben oder direkt auf dem Waldboden vorzunehmen, so dass durch Wind eingetragene sandige, im Feuer zu Glas geschmolzene und erdige Beimengungen der Gruben und Kohlereste die Qualität der Pottasche verminderten. Dies geschah auch durch betrügerische Manipulationen, etwa indem man bereits ausgelaugte Asche beimengte oder solche von verbranntem Stroh, und die Aschen der Salzsiedereien enthielten nicht selten größere Mengen von Kochsalz. Wenn Holz zu teuer geworden und es gelegentlich verboten war, Holz zu Asche zu verbrennen, wichen die teilweise noch mit ihren Kesseln vagabundierenden Aschebrenner auf Heide- und Farnkräuter aus und besorgten sich Brennasche aus den Haushalten. Die oft unsichere, von starken Preisschwankungen gebeutelte oder unklare Rohstoffbasis ließ die Qualität der Pottasche zu einem Glücksspiel werden, wenn keine Methoden zu ihrer Prüfung zur Verfügung standen. Wie eine Pottaschemischung am vorteilhaftesten aussehen könnte, dazu macht Home Dutzende von Experimenten.

Die Fünf-Komponenten-Mischung wurde in Holland in großen Kupferkesseln eine Viertelstunde lang gekocht, und nach sechs Stunden Ruhe und Absetzen der festen Bestandteile war die Mutterlauge fertig. Mit ihrer Hilfe und der Zugabe von Seife wurde die ca. 20%ige *Bleichlauge* bereitet, in der die Stoffbahnen von einem Bleicher mit Holzschuhen so lange getreten wurden, bis sie alle mit der Lauge vollgesogen waren. Dann wurde die anfangs blutwarme Lauge, während die Stoffbahnen an einem Haken hingen, in einen zweiten Kessel abgekippt, auf eine höhere Temperatur erhitzt und die Stoffbahnen wieder für kurze Zeit eingetreten. Diese Prozedur wurde sechs bis sieben Stunden bei langsam ansteigenden Temperaturen bis zum Kochen fortgesetzt. Die Stoffe blieben dann drei bis vier Stunden in der Lauge liegen und wurden anschließend auf der Bleichwiese ausgebreitet und festgezurrt. Dort sollten sie nicht völlig trocken werden und wurden deshalb sechs Stunden lang befeuchtet, wie auf der Abbildung 23 (S. 89) zu sehen. Am nächsten Morgen begann das Ganze mit dem Tau der Nacht von vorn. Falls die Bahnen nicht sauber waren, wurden sie gewaschen und getrocknet, um sie anschließend einem erneuten Laugenprozess zu unterziehen. Dieser Wechsel von laugen, sonnenbleichen und trocknen wurde mit ansteigender Konzentration der Lauge zehn bis sechszehn Mal wiederholt. Dann waren die Stoffe auch in den tieferen Schichten von den äußeren Teilen der Leinenfaser befreit, hatten eine gleichmäßige Farbe und waren bereit zum Säuern.

In einer großen Wanne wurde dazu eine Stoffbahn nach der anderen mit *Buttermilch* getränkt. Nach einigen Stunden stiegen Blasen auf, es bildete sich eine weiße Haut, und die Flüssigkeit begann zu brodeln, eine Woche lang. Dann wurden die Stoffe gespült und mit Seife gewaschen und noch einmal in Laugenbottichen, wie schon zuvor, behandelt, aber diesmal mit aufsteigender und anschließend mit schnell abnehmender Konzentration der Lauge. Beim zweiten Säuern, das nun folgte, war es genau umgekehrt: Beginn mit hoher Konzentration und endend bei einer Verdünnung mit drei Vierteln Wasseranteil. Und wieder wurde gespült und mit Seife gewaschen. Dann sollte das Leinen perfekt weiß sein. Man kann nun verstehen, warum früher die Mitgift aus weißer Bettwäsche ein Vermögen darstellte.

Home hat den gesamten Prozess unter Laborbedingungen nachvollzogen und jedes Mal einige Varianten überprüft, etwa die Verweildauer in der Lauge unter variierten Temperaturbedingungen, den Effekt des Waschens mit Seife auf die verbliebenen Salzreste im Stoff, den Einfluss von Feuchtigkeit, Wärme und Sonne bei der Bleiche und die Beseitigung der Salze, »die nicht flüchtig sind«, durch Ansäuern mit Buttermilch und verschiedenen Konzentrationen von Schwefelsäure. Home betrachtete die Asche als eine Komposition von Kalk und alkalischen Salzen, die im Gewebe als »absorbierende Erde« zurückbleiben (S. 75) und in wasserlösliche Salze überführt werden müssen, um sie auswaschen zu können. Er hatte wegen der sich wie Darmschlingen aufblähenden Stoffbahnen in der brodelnden Lösung zunächst geglaubt, dass die Hauptwirkung der Buttermilch in einer »Fermentation«, einem Verdauungsprozess der Erden und Öle, die sich nach dem Auslaugen noch in den Stoffen befinden, besteht und es daher nicht für möglich gehalten, dass mineralische Säuren wie das verdünnte Oleum wirkungsvoll sein könnten. Er war überrascht. Die Schwefelsäure wirkte schneller und gründlicher und griff die Stoffe nicht an.

Der Ersatz von Buttermilch durch Schwefelsäure war von großer ökonomischer Bedeutung. Die Säuerung nahm nur noch Stunden statt Tage in Anspruch, die Bleiche auf den Wiesen nur noch Tage statt Wochen und wurde nun überall und nicht nur in Holland und Irland möglich, und die problematische Abhängigkeit von der teuren und nicht zu konservierenden Buttermilch war beendet. Aber wie immer bei Änderungen eines eingefahrenen Produktionsprozesses gab es Bedenkenträger und so großen Widerstand gegen angebliche schädliche Wirkung von Schwefelsäure auf das Stoffgewebe, dass die Lobbyisten eine Zeit lang sogar ein Verbot ihrer Anwendung erreichten.

Was hat nun Home mit seinen Experimenten herausgefunden? Erstens empfahl er bei stark schwefelhaltigen Aschen auf das Kochen der Lauge zu verzichten, weil die wirksamen Salze schon bei niedrigerer Temperatur extrahiert, die schwefeligen Anteile jedoch durch Kochen erst mobilisiert würden. Kaliumkarbonat (Pottasche) ist schon bei 20° C sehr leicht löslich in Wasser, während die Sulfate von Kalium und Kalzium erst bei höheren Temperaturen allmählich in Lösung gehen. Besser sei daher eine Verlängerung der Verweildauer der Stoffe in der Lauge bei mäßigen Temperaturen. Zweitens erreichte er eine Trennung des Kaliumkarbonats von Kochsalz durch Kristallisation in einer zuerst gekochten und dann sich abkühlenden Lauge. Drittens fällte er kalkhaltige Erden durch Zugabe von Salpetersäure aus. Letztlich lief alles darauf hinaus, die schädlichen Komponenten der Lauge zu bestimmen, um sie durch Kristallisation oder Zusatz von Säure entfernen zu können.

Die Ergebnisse waren annähernd quantitativ, aber die Diagnose der Bestandteile erfolgte weitest gehend mit der Zunge und durch Beobachtung der Auflösung der Salze an der Luft, denn nur Kaliumkarbonat zerfällt schon bei normaler Luftfeuchtigkeit. Die Chemiker und Ärzte wie Francis Home waren unumstrittene Meister der Zungenprobe und konnten sehr fein die verschiedenen Geschmäcker und Stärken unterscheiden, sie leckten Steine ab und kosteten Urin. Der Diabetes mellitus (honigsüßer Durchfluss) verdankt diesen Urinkostern seinen Namen. Salze schmeckten salpetrig, schweflig, kalkig, bitter, scharf, spitz oder süßlich, und sie brannten mehr oder weniger lang auf der Zunge oder änderten sich im Geschmack, wenn sie länger im Mund gehalten wurden. Auch Erde wurde in den Mund genommen, um enthaltene Salze herauszuschmecken. Die Bleicher waren darauf geeicht, schweflige Anteile auszumachen, da diese hässliche Flecken oder einen Gelbstich beim Bleichen verursachten. Bei der Analyse einer *Cashup ash* (Danziger Asche) z.B. nimmt Home wie ein Kind alles, was er in die Hände bekommt und schon vorher mit den Augen verschlungen hat, in den Mund:

»Diese Aschen sind äußerst hart, in der Farbe eines Eisensteins, mit vielen leuchtenden Partikeln und einigen Stücken Holzkohle. Sie haben einen salzigen Geschmack, mit einem deutlichen Grad an Schärfe. Sie fühlen sich im Mund sandig an, wenn man sie mit den Zähnen in Stücke bricht; da sie sich nicht auflösen.
Exp(eriment). 35. Wenn man die Salzlösung über sie schüttet, brausen sie nicht heftig, aber lang anhaltend; und die Lösung beinhaltete oben und unten einen sehr schwarzen Puder. Sie gaben einen schwefligen Geruch ab; und sie hatten, wenn die Sättigung vollständig war, die durch 13 Teelöffel einer Säuremischung erreicht wurde, einen schwefligen Geschmack.«[64]

Eine quantitativ exakte Diagnose der Bestandteile der Aschen war so natürlich nicht möglich. Home beschrieb sinnliche Qualitäten, die ein Bleicher bei der Beurteilung einer Pottasche kennen sollte. Theorie war nicht Homes Anliegen. Sein Anliegen war die Verbesserung der Praxis des Bleichens durch den Versuch, mit chemisch rationalen und experimentell überprüften Eingriffen seinen Ablauf zu verändern. Das ist ihm in einigen Fällen gelungen, und mit dem Vorschlag, verdünntes Oleum zur Säuerung zu verwenden, sogar ein Epoche machender Durchbruch. Mit ihm war die Schwefelsäure mitten in das Herz der boomenden Textilmanufakturen und erstmals in engen Kontakt zur Pottasche geraten.

Der Seifensieder kannte den Unterschied von Soda und Pottasche

Seife ist eine Verbindung zwischen einer Fettsäure und einer Minerallauge. Als Basis für Fettsäure galten Talg von Rindern und Schafen, Schmalz von Schweinen und Öle aus Pflanzen. Die Basis für die Lauge waren Pottasche oder Soda. Dass Asche reinigt, war seit Urzeiten bekannt und wurde von Alchemisten mystisch überhöht. Mit ihr erreichte man die zweite Stufe der Reinigung der Seele (Abbildung 25).

Die Seifensieder wussten längst, dass die mit Pottasche hergestellten Seifen sich von den mit Soda hergestellten deutlich unterscheiden, Jahrhunderte vor der Möglichkeit, Natrium und Kalium als die bestimmenden Mineralien zu erkennen. Aus Pottasche (Kaliumkarbonat) hergestellte Seifen werden schmierig, die aus Soda (Natriumkarbonat) hergestellten fest. Der Botaniker, Chemiker und Agronom Duhamel du Monceau (1700–1782) sagte 1774: »Gemeiniglich bedienen sich die französischen Seifensiedereyen der Pottasche nur zu der weichen Seife«.[65] Sie holten sie aus den Wäldern entlang der Mosel und des Rheins. Duhamels Übersetzer, der Historiker und Lehrer am Kadettenkorps in Berlin, Johann Samuel Halle (1727–1810), hat eine Beschreibung Berliner Seifensiedereien, die es gelernt hatten, mit Pottasche durch Zugabe von Kochsalz feste Seifen herzustellen, hinzugefügt.

Kennzeichen der französischen Seifensieder war ihre Produktion mit Hilfe von Soda, das sie aus bestimmten Pflanzen an der Küste gewannen und meist aus Spanien importierten, und Olivenöl, das in Südfrankreich reichlich zur Verfügung stand. Soda war, abgesehen vom minderwertigen schottischem Kelp aus Algen und Seetang, ein Phänomen des Mittelmeers und dort seit der Antike bekannt. In Frankreich besaß die *Savon de Marseille*, die Seife von Marseille, ein Monopol. Deshalb werden sich gerade hier große Dramen abspielen, die mit der Einführung des industriellen *Leblanc* – Verfahrens zur Herstellung von Soda Anfang des 19. Jahrhunderts verbunden sind.

Die natürliche Basis von Soda waren Pflanzen an der Mittelmeerküste mit hohem Salzgehalt, die Salzkräuter. In Spanien war das der Mönchsbart (*Salsola soda)*, der unter dem Namen *Barilla* aus Alicante, Cartagena, Malaga und von den kanarischen Inseln nach Frankreich importiert wurde. Diese Handelsroute war während des Siebenjährigen Krieges

Abbildung 25: Die alchemistische Variante des Wäschewaschens als Läuterung der Seele von schwarz nach weiß. Michael Maier (1568–1622) war Leibarzt von Kaiser Rudolf II. und wurde mit einem alchemistischen Emblembuch *Atalanta fugiens* berühmt. Daraus stammt die Abbildung einer Frau, die eine heiße Aschelösung in den Waschzuber schüttet. »Gehe zum Weibe, das wascht ihre Lachen, thu dergleichen auch«. Dazu wurde lateinisch gesungen, und Maier liefert die Noten gleich mit. Die »versio Germanica« lautet:

»Wer da begehrt in geheimer Lehr sich z' üben sol achten
Alles Exempels weiß und weißlich solch betrachten:
Schau an ein Weib und lern wie sie thut ihr Leinlachen waschen
Mit Wasser auffgeschütt warmlich und mischt mit Aschen:
Folg dieser nach, so wirt dir alles gerathen wol und fein,
Dann den Leib, so ist schwarz, waschet das Wasser ganzt rein.«
(Michael Maier, Atalanta fugiens. Oppenheim 1617. Emblemata III, S. 21)

durch britische Geschwader blockiert. Diese Soda enthielt 25 % Natriumkarbonat. An der französischen Küste, vor allem bei Narbonne, wuchs der europäische Queller (*Salicorna europaea*). Die Soda von Narbonne enthielt nur 14 % Natriumkarbonat. Noch weniger (8 %) waren aus einer Mischung verschiedener Salzkräuter bei Aigues Mortes, der *Blanquetta*, zu holen.[66] Der Fokus richtete sich eindeutig auf die spanische *Barilla*, und die Sicherstellung ihres Imports war ein Politikum allerersten Ranges. Vor der Revolution erreichten jedes Jahr zwischen 13 000 und 15 000 Tonnen Soda den Hafen von Marseille. Nur ein winziger Teil davon ging weiter ins Inland.[67] Es war der Krieg Napoleons gegen Spanien 1808, der dem Import aus Spanien ein Ende setzte und die Seifensieder von Marseille in den Teufelskreis der Industriesoda zwang. Ein Importverbot für die *Barilla* während der Restauration beschleunigte die Umstellung auf industrielle Verfahren.

Für die Seife von Marseille benötigte man 50 % Olivenöl, 30 % Soda und 20 % gebrannten Kalk (Kalziumoxid). Der Zusatz von gebranntem Kalk war absolut notwendig. Er diente »zum Anschärfen der Lauge«. So verstanden die Seifensieder eine Substanzumwandlung, bei der der gebrannte Kalk mit Wasser gelöscht (Kalziumhydroxid), dieser mit Soda (Natriumkarbonat) zu Natron (Natriumhydroxid) reagiert, wobei der unlösliche Kalkrest (Kalziumkarbonat) ausfällt ($Na_2CO_3 + Ca(OH)_2 > 2NaOH + CaCO_3$). Natron ist eine stärkere Lauge als Soda. Unter ständigem Umrühren stundenlang mit Olivenöl gekocht, spaltet die Natronlauge die Fettsäuren des Olivenöls ab, und diese verbinden sich mit dem Natrium der Lauge zur Seife (Abbildung 26–30).

Kalk als Reaktionsmittel hat in der handwerklichen Chemie mit seinen Varianten von gebranntem und gelöschtem Kalk eine sehr lange Tradition, die ich hier besonders hervorhebe, weil Kalk zusammen mit Schwefelsäure auch im industriellen Leblanc-Verfahren zur Herstellung von Soda eine Rolle spielt. Bereits 1577 hat der Pfarrer der Silberstadt St. Joachimstal, Johannes Mathesius (1504–1565), in seiner *Bergpostilla Oder Sarepta* gebrannten Kalk als Zusatz zur Herstellung einer scharfen Lauge bei der Destillation von Scheidewasser erwähnt. Er hat davon gesprochen, »wie man zum Saliter (Salpeter) scheiden, auß ungeleschtem Kalch, oder von füllerde (Kompost), lohe (Rinde), weidasche, todenköpffen, und auß eichener und büchener asche, sehr scharpffe laugen machen kan«.[68]

»Gut gelöschter Kalk« (Kalziumhydroxid) wurde auch von Ercker zur Umwandlung der schwächeren Soda- zu Natronlauge genutzt, um die Destillation des Salpeter-Vitriol-Gemisches zu Scheidewasser (Salpeter-

Abbildungen 26 – 30:
Die Herstellung der Marseiller Seife zerfällt in drei verschiedene Arbeitsgänge: 1. Das Auslaugen der Soda 2. Die Zubereitung der Ätzlauge 3. Das Sieden der Seife. Die Seifensieder bekamen die Soda als kristallines Salz in großen Brocken in Fässern geliefert, das aus der Verbrennung von Salzkräutern und dem Auslagen ihrer Asche gewonnen worden war.

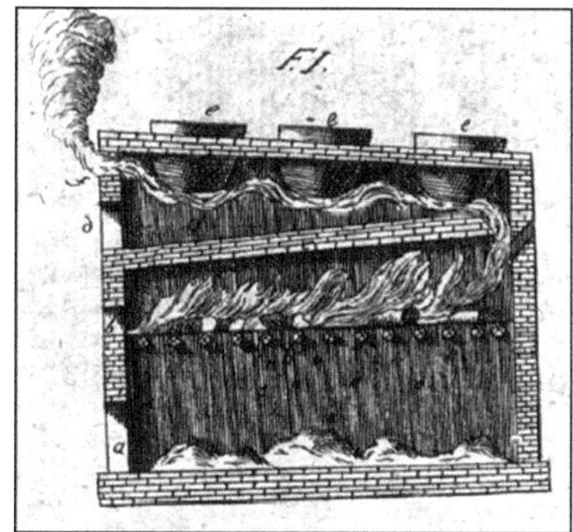

Abbildung 26: Pottascheofen. Die raffinierte Konstruktion mit schräg gestellter Herdplatte und indirekter Flammfeuerung sollte eine gleichmäßige und nicht zu starke Hitze beim Sieden der Asche in den Töpfen sicherstellen (Die Seifensiederkunst von Du Hamel, übersetzt, ausgezogen und vermehrt von Johann Samuel Halle. Berlin 1788).

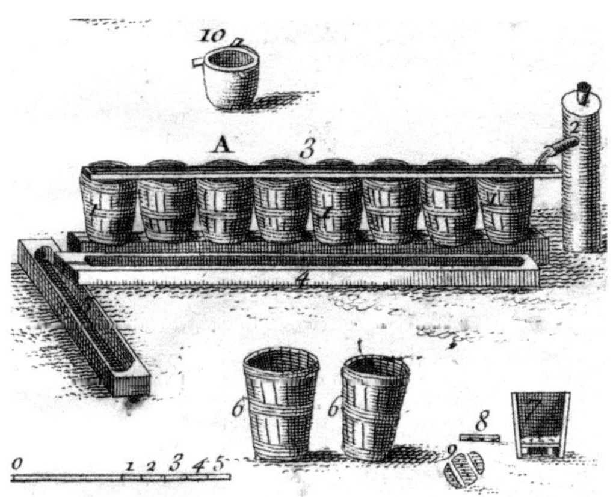

Abbildung 27: Das Auslaugen der Asche geschah in Fässern mit doppeltem Boden, deren innere Böden durchlöchert waren und über ein Gerinne mit sauberem Wasser versorgt wurden. Die Lauge vom Boden des Fasses floss nach Öffnen eines Hahns über ein Gerinne in einen Kasten, wo sich die groben Bestandteile absetzten. In den Fässern Nr. 6 blieb die Lauge einige Tage ruhig stehen und wurde dann vorsichtig zum Sieden abgeschöpft, um den Bodensatz nicht aufzuwirbeln. Nr. 10 ist ein Kupferkessel, in dem der Sud später zum Salz der Pottasche oder der Soda eingekocht wurde. Dieses Vorgehen finden wir auch beim Auslaugen anderer Salze wie beim Salpeter aus angereicherter Erde. Um Lauge aus der an-

gelieferten rohen Soda für das Seifensieden zu gewinnen, wurden solche Fässer mit der rohen Soda im Wechsel mit Stroh und bis zum Rand mit Wasser gefüllt und nach drei bis vier Tagen zum ersten Mal abgelassen, erneut mit Wasser übergossen und nach weiteren zwei Tagen ein zweites Mal abgelassen, und so fort, bis die Soda ausgelaugt und wasserklar geworden war. Stroh diente nur als Filter und zur Trennung der Sodaschichten, damit sich diese nicht einfach am Grund der Tonne ansammelten und wegen vorzeitiger Sättigung der Lauge keine vollständige Auflösung erfolgte. Alle mehr oder weniger starken Laugenfraktionen wurden gemischt. Diese Natriumkarbonatlösung war die Basis für die Ätzlauge, die die Seifensieder brauchten. Um sie zu erhalten, wurde gebrannter Kalk mit der gewonnenen Lauge abgelöscht, mit Krücken untergerührt und abgedeckt einige Tage in Ruhe gelassen. Sie ergab die starke Lauge mit rund 12 % Natronlauge, der zweite Aufguss im selben Fass die Mittellauge enthielt 4 % und der dritte die schwache Lauge nur noch 1% Natronlauge. Die schwache Lauge diente nur als Ersatz für Wasser bei einem erneuten Auslaugen der rohen Soda. Die starke und die Mittellauge wurden zum Sieden der Seife gebraucht (Andreas Schlüter a. a. O., Tafel 55, Ausschnitt).

Abbildung 28 von links nach rechts: Ein Arbeiter schüttet Lauge in den Kessel, ein anderer rührt um (Fig. 2). Die Lauge wird in Fässer abgeschöpft (Fig. 3) Zu rund 200 Pfund Mittellauge werden 90 Pfund Olivenöl zugegeben (Fig. 4) und unter ständigem Feuer gut umgerührt und bis zum Sieden erhitzt. Abgebildet sind nur die Kessel. Den unter dem rechten Kessel in die Erde eingelassenen Ofen muss man sich dazu denken, etwa so wie in Abbildung 30 (Diderot et d'Alembert, Encyclopédie. Recueil de planches sur les sciences, les arts libéraux et les arts mécaniques avec leurs explication. Savonerie Planche II).

Abbildung 29 und 30: In dieser kleinen Seifenfabrik, die in Abbildung 30 im Querschnitt zu sehen ist, stehen links die große Heizwanne M mit »Seifenleim«, der nach einigen Stunden Sieden in eine Seifenmasse übergeht. Davor die Auslaugtonnen mit Haltestöcken zum Transport, aus denen die Lauge in Behälter im Boden abtropfen kann. Mit Q in Abbildung 30 wird der auf dem Boden neben den Tonnen liegende und nur schwer zu erkennende Vorrat aus Soda und gebranntem Kalk zur Bereitung der Ätzlauge bezeichnet. Der Arbeiter F in Abbildung 29 gießt heiße Seifenmasse in ein kleines Fass, das im Vordergrund gelagert wird. An der Wand rechts darf die letzte Tonne nur mit klarem Wasser gefüllt werden. Das Geheimnis des Erfolgs der Verseifung lag in der korrekten Bestimmung des Verhältnisses von Lauge und Öl und in der rechtzeitigen und wohl dosierten Zugabe weiterer Lauge in den Siedekessel, so lange, bis eine Löffelprobe nicht mehr abtropfte und ein Hartwerden der Seife anzeigte (Duhamel du Monceau a. a. O., Tafel V).

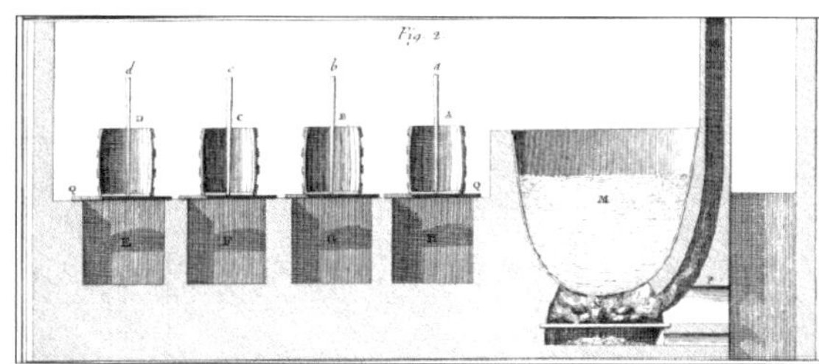

säure) zu beschleunigen. Die Natronlauge erlaubt höhere Temperaturen bei der Destillation, und der gelöschte Kalk fällt den Sulfatanteil der Schwefelsäure als Kalkmilch (Gips, Kalziumsulfat) aus. Der Wasserstoff der Schwefelsäure verbindet sich dann leichter mit dem Nitrat des Salpeters zu Salpetersäure.[69]

Grundlegendes handwerkliches Können färbte auf viele Gewerke ab, wenn es erfolgversprechend und beherrschbar war. Beim Einsatz von gelöschtem Kalk nutzten alle die Wasserunlöslichkeit von Kalziumkarbonat und Kalziumsulfat, um unerwünschte Karbonate und Sulfate aus einer Lösung auszufällen. So wurden die Bleicher zu Meistern der gereinigten, die Seifensieder zu Meistern der geschärften Lauge und die Probierer der Hüttenwerke zu Meistern der Umwandlung von Salzen zu Säuren.

Der Berliner Apotheker Sigismund Friedrich Hermbstädt (1760–1833), einer der großen Popularisierer der technischen Revolution, fasste 1808 sein Verständnis des Prozesses zur Herstellung einer »Ätzlauge« so zusammen (in Klammern Erklärung H. V.):

»Die erhaltene Lauge (aus dem Auslagen der Asche der Salzkräuter) ist eine Auflösung von kohlenstoffsaurem Natron (Soda) in Wasser. Um ihr die Kohlenstoffsäure (den Karbonatanteil) zu entziehen, und sie in den Zustand der Ätzlauge (Natriumhydroxid) zu überführen, bestimmt man den Gehalt der Lauge mittels dem Aerometer (Bestimmung des spezifischen Gewichts). Die ganze Masse der gewonnenen und gut unter einander gemengten Lauge, enthalte z.B. in 100 Pfunden 10 Procent Natron (er meint hier Sodalauge), so setzt man zu jeden 100 Pfund derselben 12 Pfund gebrannten Kalk (Kalziumoxid), den man vorher mit so viel von derselben Lauge ablöschet, daß er in Pulver zerfällt (Kalziumhydroxid); man rührt nun mittels Krücken alles wohl untereinander, und setzt dieses ununterbrochen so lange fort, bis eine Probe der herausgenommenen, und klar filtrierten Lauge, beym Zusatz von etwas verdünnter Schwefelsäure nicht mehr brauset, also völlig ätzend geworden ist.«[70]

Die Reste von noch nicht zu Natriumhydroxid umgesetzter Soda ergeben mit Schwefelsäure Glaubersalz, Wasser und Kohlendioxid, das unter »Brausen« entweicht. Wenn es »nicht mehr brauset«, hat sich die gesamte Soda in Natronlauge umgesetzt, die Lauge war »scharf« geworden.

Hermbstädt war ein Chemiker, der bereits in den Kategorien der Chemie Lavoisiers dachte und von einer »Wissenschaft des Seifensiedens« sprach. Duhamel du Monceau zitierte mehr als 30 Jahre früher eine ganze

Reihe Auffassungen zur Notwendigkeit des gebranntem Kalks, um eine wirksame Lauge zu erzeugen, die zeigen, dass vor dieser neuen Chemie niemand so recht verstanden hat, was genau passiert, wenn gebrannter Kalk zur Lauge gegeben wird. Für ihn war Seifensieden noch schlicht Kunst oder Handwerk. Der Arzt und Chemiker Pierre Joseph Macquer (1718–1784) kam in seinem *Dictionnaire de chymie* zeitgleich mit Duhamel ganz nahe an eine Erklärung heran, die als Übergang zu einer modernen Chemie gelten kann (in Klammern Erklärungen H.V.):

»Der ungelöschte Kalch macht die alkalischen Salze ätzender und zerfließbarer, und benimmt ihnen ihre Fähigkeit mit Säuren zu brausen, indem er ihnen das Gas entzieht, womit sie zum Theil gesättigt sind (das Kohlendioxid aus der Soda). Da sich nun der Kalch selbst mit diesem Gas verbindet, so verliert er seine Ätzbarkeit, und erhält alle Eigenschaften einer ungebrannten Kalcherde (Kalziumkarbonat) in dem Maaße wider, in welchem er die alkalischen Salze geschärft und ätzend gemacht hat.«[71]

Die Chemie als Wissenschaft konnte nur im Nachhinein diese verwickelten Reaktionen um das Anschärfen der Lauge zur Verseifung der Fettsäuren aufklären, auf die die Seifensieder von selbst gekommen waren. Denn Kalk war ja kein Zusatz, der in der Seife verschwand, sondern tauchte nach dem Brennen, Löschen, Agieren in der Lauge und Entwicklung von Wärme als Kalk wieder auf, so als ob mit ihm nichts geschehen wäre. Macquer hat diesen Kreislauf mit spürbarer Faszination beschrieben. Die beiden anderen an der Reaktion beteiligten Substanzen waren nicht mehr wiederzuerkennen: Soda war in der Seife verschwunden und die Fette hatten sich zerlegt.

Allmählich wird der große Bogen sichtbar, den die handwerkliche Chemie geschlagen hat, bevor sie mitsamt ihrem Wissen im Schlund der Chemieindustrie verschwand. Soda war Dreh- und Angelpunkt für Glas, Seife, Textilbleiche und bei der Läuterung des Salpeters für Schwarzpulver und Scheidewasser. Schwefelsäure war Neutralisator der Soda in der Textilbleiche, Lösungsmittel für Indigo bei der Textilfärbung und Säurelieferant für Salpeter im Scheidewasser. Ein Salz, Soda, und eine Säure, Schwefelsäure, bestimmten die wichtigsten chemischen Verfahren. Bald wird man sagen können, ein Salz und *seine* Säure und sie mit der Chemieindustrie identifizieren.

Der Druck, wie künstliche Soda erzeugt werden könnte, nahm besonders in Frankreich mit seinem Holzmangel und seinem anfälligen Sodaimport ständig zu, involvierte hochrangige Wissenschaftler und die Regierung und konzentrierte sich in seinen Auswirkungen auf die Region um Marseille und die Produktion der Seife. Aber nicht nur die Seife war betroffen. Es ging auch um die Textilbleiche und die Glasmanufakturen. Alle brauchten Soda, und alle brauchten Soda bei steigender Produktion in immer größeren Mengen. Die Produktion der Schwefelsäure hatte in England um die Mitte des 18. Jahrhunderts bereits industrielles Niveau erreicht.

Schwefelsäure aus Schwefel: Vom Labor im Großen zur Bleikammer

Der Beginn der technischen Chemie mit der Produktion von Schwefelsäure statt aus Vitriol aus Schwefel und Salpeter ist oft als etwas völlig Neues beschrieben worden. Aber es war ein uraltes Verfahren der Alchemie, auf das der englische Quacksalber Joshua Ward (1685–1761) zurückgegriffen hat. Die einzige Neuigkeit waren die sehr großen Destillierapparate in Twickenham bei London, die bis zu 300 Liter fassen konnten. Ich habe den Verdacht, dass Ward sich von einem Text des noch nicht eindeutig identifizierten deutschen Alchemisten Basilius Valentinus von 1604 inspirieren ließ, dessen *TriumphWagen Antimonii* seit 1646 auf Latein und Französisch vorlag und dessen Lektüre Ward, der als Jakobit und Betrüger 16 Jahre im französischen Exil und dort zeitweise im Gefängnis verbrachte, keine Schwierigkeiten bereitet haben dürfte. Denn Ward, der mit seinen Pillen, Tropfen und Salben im London der 30er und 40er Jahre des 18. Jahrhunderts ein Vermögen verdiente und den öffentlichen Gesundheitsdiskurs beherrschte, hatte noch in Frankreich in seine erste Pille Antimon gepackt. Dieses Spießglas war als *Quintam essentiam Antimonii* seit Paracelsus das Universalheilmittel in der Medizin, und die Alchemisten sahen in ihm einen grauen Wolf, der die *materia prima,* die Erde als die Urform aller Materie in seinem Maul trägt. Für einen Quacksalber war Antimon ein gefundenes Fressen, mit dem man das Blaue vom Himmel versprechen konnte. Basilius Valentinus hat dafür eine Rezeptur angegeben, in der ein deutlicher Hinweis auf die Destillation des Schwefels mit Salpeter zur Schwefelsäure auftaucht, die »den Alten« schon seit langem bekannt gewesen sei:

»Ein Wund-Oehl wird aus dem Spießglas bereitet, also wie ich dich lehre und vorschreibe: Es wird genommen *Antimonium*, Schwefel, Salpeter, gleich viel nach Gewichte, verpuff's unter der Glocke, wie das *oleum sulphuris*, oder das Schwefelöhl, wie solches *per campanam* (mit Hilfe der Glocke) gemacht wird, welcher Brauch denn bei den Alten von langer Zeit *hero* bekannt gewesen; doch merk, daß es am besten ist, und der rechte Weg, daß du anstatt der Glocken einen Helm brauchest beirzuhängen, daran eine Vorlage gelegt; so bekommt man mehr Oehl, denn sonsten; ist an der Farbe wie ein ander Oehl aus dem gemeinen Schwefel«.[72]

»Verpuff's unter der Glocke« war bei der Destillation von Schwefel mit Hilfe von Salpeter zu Schwefelsäure ein nicht ungefährliches geschlossenes Verfahren, bei dem die entstandene Schwefelsäure nicht in einen Rezipienten übergeleitet wurde, sondern sich am Boden des erhitzten Gefäßes sammelte. Basilius Valentinus schlug diese Überleitung vor, wie sie schon »bei den Alten« längst bekannt war und auch bei anderen Destillationen seit langer Zeit praktiziert wurde. Joshua Ward und sein Chemiker und Assistent John White mussten nur dieses althergebrachte Wissen auf ihre um 1736 etablierte Produktion im Großen übertragen. Seine »Fabrik«, ein elendes Gebäude an einer Wohnstraße in Twickenham, löste prompt einen Sturm der Entrüstung aus, da sie Tag und Nacht einen »unpleasant smell«, einen widerlichen Geruch verbreitete. Sie wurde daher 1749 von Amts wegen geschlossen. Ökonomisch war sie in der kurzen Zeit ihrer Existenz ein Erfolg. Ward konnte für ein Fünftel des bisherigen Preises liefern und so den kleinen Markt der Apotheken und Probierstuben dominieren.[73]

Die großen Glasballons waren das eigentliche Problem. Sie zersprangen leicht, wenn an den Dichtungen manipuliert und zu stark gefeuert wurde. Ward hatte schon bei viel kleineren Behältern Schwierigkeiten, die er in seinen posthum veröffentlichten, vorher geheim gehaltenen Rezepten schilderte.[74] Ein Arzt aus Birmingham, John Roebuck (1718–1794), hatte eine Lösung: die Bleikammer.

Roebucks Interesse für Chemie, und zwar für eine mit Manufakturen verbundene Chemie, war während seines Studiums der Medizin in Edinburgh geweckt worden. Seinen Abschluss machte er 1742 in Leiden, wo er sicher Gelegenheit hatte, die holländischen Bleichfelder zu inspizieren. Als praktizierender Arzt in Birmingham richtete er sich ein chemisches Labor ein, verbesserte die Methode, Gold und Silber zu raffinieren, indem er auch kleinste Partikel, die vorher verloren gegangen waren, wieder gewann. Mit Unterstützung des Kaufmanns Samuel Garbett versorgte er damit die Goldschmiede vor Ort. Er wurde so etwas wie der Chemieberater der Manufakturen Birminghams. Die erste Bleikammer zur Herstellung von Schwefelsäure baute er 1746 in Birmingham und 1749 schließlich eine große Anlage in Prestonpans, acht Meilen östlich von Edinburgh.[75] Dort war ein Hafen, über den Schwefel importiert und Schwefelsäure exportiert werden konnte. Da war schon klar, dass der Schwefelsäurebedarf wegen der Indigofärbung von Wolle in Norwich im Osten Englands enorm gestiegen war.

Obwohl sich der chemische Prozess im Grunde nicht von dem des Mr. Ward unterschied, bedeutete die Bleikammer einen technologischen Durchbruch hin zu einer kontinuierlichen Produktion mit deutlich gesenkten Kosten. Auf einer seltenen Abbildung des neuen Verfahrens, die nur zwei von insgesamt dreißig Kammern einer von Roebucks Compagnon Garbett betriebenen Anlage um 1790 zeigt, waren die Kammern ca. 240 cm hoch, 180 cm lang und 120 cm breit. 20 Zentimeter über dem Boden war ein mit einem Bleistöpsel verschließbares Loch, der Boden 10 cm hoch mit Wasser angefüllt (Abbildung 31). Der ganze Kasten wog eine halbe Tonne und wurde mit einer mehlfein geriebenen Mischung aus 112 Pfund Schwefel und 14 Pfund Rohsalpeter beschickt, mit Hilfe eines glühenden Eisens entzündet und zwei Stunden mit dem Bleistöpsel geschlossen gehalten, damit sich die entstandenen Schwefeloxidgase mit dem Wasser auf dem Kammerboden zu Schwefelsäure verbanden. Dann blieb das Loch eine Stunde lang offen, um den für den Prozess notwendigen Sauerstoff der Kammern zu erneuern. Dabei gingen allerdings auch kostbare Salpeter- und Schwefelgase verloren, in die Lungen der Arbeiter und Arbeiterinnen und die Umgebung der Fabrik. Der Ablauf wurde zwei Mal wiederholt, die Kammer mit derselben Prozedur erneut beschickt, und so fort, Tag und Nacht, einen Monat lang. Am Ende waren 737 Pfund Schwefelsäure am Boden der Kammer in Wasser gelöst und wurden mit einem Siphon herausgehoben. In dem abgebildeten Raum wurde im Hintergrund außerdem noch in großem Maßstab Salpetersäure (Scheidewasser) destilliert.

Abbildung 31: Fabrikraum mit zwei Bleikammern links und einem Destillationsapparat für Salpetersäure. Die Abbildung stammt aus handschriftlichen Aufzeichnungen des Chemikers W. E. Sheffield, der von 1771 bis 1790 in Birmingham lebte, und die von Oscar Guttmann für *The Journal of the Society of Chemical Industry* (1901, Vol. 20, S. 5) nachgezeichnet wurde. Erklärung im Text.

Die Schwefelsäure war nun 250 Mal billiger als noch zu Zeiten der handwerklichen Oleumproduktion, eigentlich das Aus für das Nordhäuser Oleum. Aber seine Konzentration wurde in der Bleikammer nie erreicht und Oleum deshalb bis Ende des 19. Jahrhunderts weiter produziert.

Das Leblanc-Verfahren zur Sodaherstellung

Der letzte Akt, der die Schwefelsäure endgültig ins Zentrum der Chemieindustrie katapultierte, spielte in Frankreich. Die persönliche Tragödie des Erfinders und Leibarztes des Herzogs von Orléans, Nicolas Leblanc (1742–1806), die mit einem Selbstmord endete, ist schon oft beschrieben worden.[76] Sein Schicksal und das seiner Erfindung war eng verwoben mit dem Verlauf der französischen Revolution. Leblanc selbst hatte mit dem Siegeszug seiner Methode nichts mehr zu tun.

Die Herstellung künstlicher Soda war schon vor der Revolution ein aus der Not der Sodaverknappung geborenes Politikum. 1783 hatte die *Académie des Sciences* einen Preis für die Produktion von Soda aus Kochsalz ausgelobt, der allerdings niemals ausgezahlt wurde, auch nicht an Leblanc, der 1791 ein fünfzehnjähriges Patent auf seinen Prozess, künstliche Soda auf der Basis von Kochsalz herzustellen, erhalten hatte. Seine Fabrik in Saint Denis war jedoch nie über das Stadium von »Versuchen im Großen« hinausgekommen, wie Leblanc selbst einräumte, und wurde 1793 wegen Mangel an Schwefelsäure mitten in der heißen Phase der Revolution geschlossen. Aber der immense Bedarf an Pottasche für Salpeter und Schießpulver zwang die Regierung Anfang 1794, jeden nur möglichen Ersatz für Pottasche in anderen Industriezweigen zu finden und beauftragte hochkarätige Wissenschaftler mit einem Gutachten zum bestmöglichen Verfahren, Soda aus Kochsalz zu gewinnen. Sie legten sich trotz einiger Bedenken auf das Leblanc – Verfahren fest.[77] Wirtschaftlich profitabel wurde es erst im Zuge der napoleonischen Kriege, die heimische Produzenten von der spanischen *Barilla* abschnitten.

Was mich im Zusammenhang meiner Untersuchung interessiert, ist die Frage, ob und wenn ja welche Reaktionen des Prozesses bereits in der handwerklichen Chemie nachzuweisen sind. Das Leblanc-Verfahren zerfällt in zwei voneinander getrennte Operationen:

Der erste Schritt ist die Umwandlung von Kochsalz mit Schwefelsäure zu Glaubersalz in speziell konstruierten Öfen. Dabei entweichen Salzsäuredämpfe ($NaCl + H_2SO_4 > Na_2SO_4 + HCl$). Dieser Schritt war im Prinzip und für kleine Mengen in den Apotheken seit 150 Jahren bekannt und Glaubersalz als Medikament fest etabliert. In einer zweiten Operation (Abbildung 32) wird in einem Flammofen bei 1000° C Glaubersalz mit Hilfe von Kohle und Kalk in Soda umgesetzt (in verkürzter Form: $Na_2SO_4 + CaCO_3 + 2C > Na_2CO_3 + CaS + 2CO_2$). Zwischenprodukt

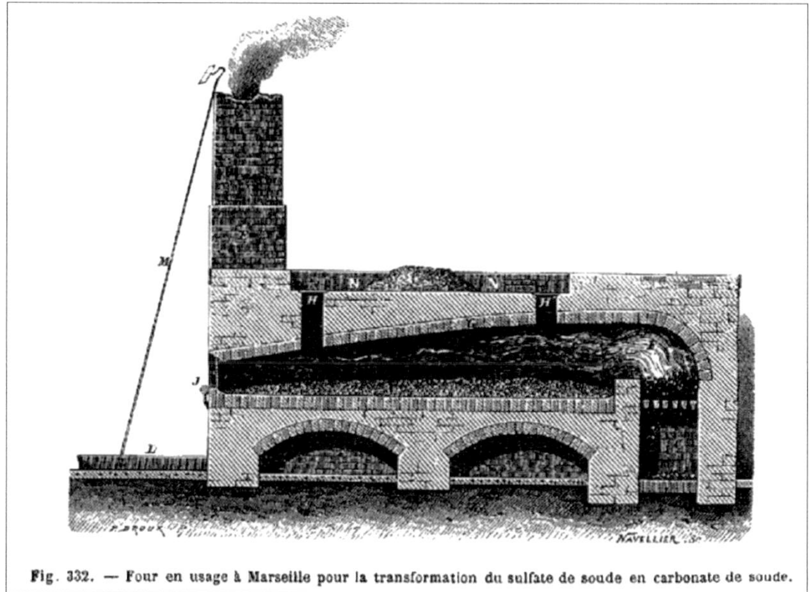

Fig. 332. — Four en usage à Marseille pour la transformation du sulfate de soude en carbonate de soude.

Abbildung 32: Flammofen für den zweiten Schritt des Leblanc-Verfahrens, bei dem Glaubersalz mit Hilfe von Kohle und Kalk in Soda umgesetzt wird. Die Abbildung zeigt den Ofen, der in Marseille lange Zeit in Gebrauch war. Er lieferte die rohe Soda mit ca. 45 % Natriumkarbonat und den unerwünschten Beimengungen von Kalziumsulfat, Kalziumkarbonat und Kohle, die einem anschließenden sehr aufwändigen kaskadenförmigen Reinigungsprozess unterzogen wurde, an dessen Ende eine hochkonzentrierte Soda stand. Zwischen N und N liegt die pulverisierte Mischung aus Kohle, Glaubersalz und Kalk, mit der der Flammofen durch die Öffnungen H in eine lang gestreckte Wanne aus Stahlblech beschickt wird. Die Flammen streichen mit ca. 1 000° C über diese Mischung und werden mit dem langen Schürhaken immer wieder umgewälzt. Die Wanne wird nach Beendigung der Prozedur über die Öffnung J entfernt. Sie enthält die weiche Paste der Rohsoda (Louis Figuier, Les Merveilles de l'Industrie ou Descriptions des principales Industries modernes, Tome I, Industrie chimique. Paris 1870, S. 496).

ist Schwarzasche, eine Mischung aus Natriumsulfid und Kohle. Deshalb wird im englischen Sprachraum statt vom Leblanc-Verfahren von einem *black ash process* gesprochen. Dieser zweite Schritt gilt als Neuerung.

Aber ganz so einfach darf man es sich mit einer solchen Einschätzung nicht machen. Wenn man die involvierten Stoffe des zweiten Schrittes einmal genauer unter die Lupe nimmt, nämlich Glaubersalz, Kalk und Kohle, dann bleibt von einem völlig neuen Prozess nicht mehr viel übrig.

Man muss dazu den national verengten Diskurs der französischen Akademie der Wissenschaften verlassen und den Blick über den Tellerrand des Leblanc-Verfahrens hinaus auf Gewerke richten, die im Laufe der Zeit viele Erfahrungen im Umgang mit Soda angesammelt haben, auf Glasmacher und Seifensieder.

So war es 25 Jahre vor Leblanc und weitab von Frankreich, mitten in Sibirien, gelungen, Glaubersalz in Soda umzuwandeln und es als Flussmittel bei der Glasproduktion einzusetzen. Wie elektrisiert berichtete der Professor der allgemeinen technischen Chemie am *k. und k. polytechnischen Institut Wien*, Benjamin Scholz, 1820 von dieser Möglichkeit, Soda zu bekommen ohne über Soda verfügen zu können. Er war bei Recherchen um eine Verbesserung der Glasherstellung auf den russischen Hofrat Laxmann (Laksmann), gestoßen, der 1764 zur Glasschmelze erfolgreiche Versuche mit dem in Sibirien natürlich vorkommen Glaubersalz als Ersatz für Soda oder Pottasche vorgenommen und 1784 bei Irkutsk nach diesem Verfahren die Taltzy Glashütte in Betrieb genommen hat. Laxmann hat die entscheidende Substanz des zweiten Teils der Leblanc-Reaktion ausdrücklich hervorgehoben: den Kohlenstoff:

»Er verfuhr dabei nach zwei Methoden. Nach der ersten wurden 80 Pfund verwittertes Gaubersalz mit vier Pfund gewöhnlicher, gepülverter Fichtenkohle vermengt, in einen glühenden Schmelzofen geschüttet und unter Umrühren durch einige Stunden kalziniert. Die Masse fing sogleich an Funken zu sprühen und einen leichten Geruch nach Schwefelleber auszustoßen. Als sich keine Funken mehr zeigten, wurde das Salz aus dem Ofen genommen, welches nun die Eigenschaft, d.h. des kohlensaueren Natrons (Soda, H.V.) zeigte. Es wurde mit 160 Pfund reinem Quarzpulver gemengt, noch einmal durch einige Stunden geglüht und diese Fritte dann in einem Glashafen zu einem *weissen wasserhellen Glase* geschmolzen. – Nach der zweiten Methode wurden 80 Pfund verwittertes Glaubersalz, 4 Pfund Kohlenstaub mit 160 Pfund geglühten, feinen Sand gemengt, schaufelweise in einen glühendem Glasschmelzhafen eingetragen, worin das Gemenge in der gewöhnlichen Zeit zu einem *sehr reinen*, aber *vollkommen undurchsichtigen*, dem besten *schwarzen*, chinesischen Lack ähnlichen Glase geschmolzen« (Hervorhebungen Scholz).[78]

Besonders aufschlussreich ist der erste Versuch, bei dem Soda gewonnen wurde, bevor Laxmann es mit Quarzpulver vermengt zu einem Glas durchglühte. Die Ergebnisse wurden von dem im finnischen Nislott geborenen Mineralogen, Botaniker und Chemiker Erik Gustav Laksmann (1737–1796) allerdings erst 1796 im 7. Band der *Neue Nordische Beyträge zur physikalischen und geographischen Erd- und Völkerbeschreibung, Naturgeschichte und Oekonomie* veröffentlicht, so dass Leblanc von ihnen nicht angeregt worden sein konnte. Auf einen Erfinderstreit kommt es mir nicht an, aber die Ähnlichkeit der Verfahren ist frappierend. Laxmann hatte klar erkannt, dass es die Zugabe von Kohlenstaub in die Schmelze war, »die die Vitriolsäure aus allen mir bekannten durch die Natur in Sibirien hervorgebrachten Salzen scheiden« (*Beyträge*, S. 439), das meint hier, den Sulfatanteil des Glaubersalzes abspaltete und in Natriumkarbonat, Soda, überführte. Darin bestand der Kern des zweiten Schrittes im Leblanc – Verfahren. Der leichte Geruch von »Schwefelleber« ist ein weiterer Beweis, dass die Umsetzung von Glaubersalz in Soda stattgefunden hat. Schwefelleber ist ein Gemisch verschiedener Kaliumsulfide und Kaliumsulfate mit dem Aussehen einer Kalbsleber. Sie resultierten aus der Umsetzung des Kaliums der Holzkohle mit dem Schwefel aus der Zersetzung des Glaubersalzes und sie zerfallen in der Hitze des Glasbrennerofens in Kalium, das in den Silikaten des Glases gebunden wird, und in Schwefeldioxid, das entweicht. Beim Leblanc – Verfahren wurde dieser Schwefel nicht von Kalium, sondern von Kalzium eingefangen und landete als Kalziumsulfid nicht im Glas, sondern auf der Halde.

Auch die Verwendung von Kalk im Zusammenhang mit Soda ist keine umwerfende Neuigkeit. Die Seifensieder von Marseille benutzten gebrannten Kalk zum »Anschärfen« der Lauge, und Schwefelsäure, um ihre Stärke zu prüfen, wobei Glaubersalz entstand und Kohlensäure entwich. Man kann trotz des neuen Prozesses, den Leblanc einführte, getrost behaupten, dass er sich auf vielfältige Erfahrungen handwerklicher Chemie stützen konnte. Seine Erfindung bestand in einer neuen Komposition bekannter Reaktionen. Wirklich neu war der mögliche Output seines Verfahrens, sowohl was die Menge der gewünschten Soda, als auch was die Menge der unerwünschten Salzsäuregase und Kalziumsulfidniederschläge anging.

Salzsäure entwich in die Atmosphäre, Kalziumsulfid wurde auf Halden gekippt und entwickelte dort mit Wasser giftige Schwefelwasserstoffdämpfe, die nach faulen Eiern rochen. Dazu kam der saure Regen aus den Schwefeldioxiden der Bleikammern für die Schwefelsäureproduktion, die in die Leblanc – Fabriken integriert war. Eine tödliche Mischung aus ätzenden Säuren. Eine Fabrik wie die der *Mallez frères* in Septèmes im Norden von Marseille, 1819 mit einer Jahresproduktion von 800 Tonnen Soda, blies ca. 550 Tonnen Salzsäure in die Luft und entsorgte 700 Tonnen Kalziumsulfid auf Halden in der Umgebung. Und das war noch eine kleine Anlage. Die des sehr einflussreichen Chemikers und Senators *Jean-Antoine Chaptal* in Fos bei Marseille produzierte fast 2000 Tonnen Soda pro Jahr. Insgesamt dürften es in der Umgebung von Marseille 10000 bis 15000 Tonnen pro Jahr gewesen sein, ungefähr die Menge, die als Natursoda bisher über den Hafen von Marseille importiert worden war. In Marseille und Septèmes waren je fünf dieser Giftschleudern installiert, zwei in Auriol nordwestlich von Marseille und weitere sechs in der Umgebung, in Allauch, Fos, Istres, Lambesc, Vitrolles und auf der Insel Port-Cros vor Hyères. In der Region starben die Olivenbäume, deren Öl die Seifensieder brauchten.[79] Diese Entwicklung war von der Regierung der Restauration gewünscht und wurde durch prohibitive Zölle für den Import von Salzkräutern gefördert.

Den Seifensiedern passte das neue Verfahren vor allem deshalb nicht, weil der Preis der Importsoda ohne die Zölle immer noch billiger als die Leblanc-Soda gewesen wäre. Hauptträger des Protestes waren jedoch die Bauern, auch wegen einer stark angestiegenen Kindersterblichkeit. Die Hügel der Umgebung waren ohne Vegetation, Mandel- und Obstbäume starben und schließlich auch die Schafe. Zweimal versuchten aufgebrachte Bauern, Fabriken anzuzünden, auch persönliche Angriffe auf Fabrikbesitzer sind dokumentiert, befeuert von antisemitischem Hass, weil vier der Besitzer Juden waren. Der Start der Chemieindustrie war ein einziges Desaster für Mensch und Natur.

Zwischen Handwerk und Manufaktur

Mit dem Bleikammerverfahren zur Herstellung von Schwefelsäure und mit dem Leblanc-Verfahren zur Herstellung von Soda entsteht unwillkürlich der Eindruck, als sei der Übergang vom Handwerk zur Chemieindustrie sehr plötzlich erfolgt. Dieser Eindruck ist nicht ganz richtig. Es gab zahlreiche Versuche, die nichts mit den Bleichern, den Seifen- und Salpetersiedern und den Glasmachern zu tun hatten. Es waren Bestrebungen, die Apothekerlabors zur Produktion größerer Mengen mit breiter Palette aufzurüsten, zu einem Labor im Großen.

Samuel Hahnemann (1755–1843), der üblicherweise nur als Erfinder der Homöopathie wahrgenommen wird, war auch als Übersetzer tätig, unter anderen eines Werkes des Apothekers Jacques-François Demachy (1728–1803), in dem er sich 1773 mit den Möglichkeiten einer Erhöhung und Erweiterung der Produktion in Labors befasste. Hahnemanns Übersetzung erschien 1784 unter dem Titel *Laborant im Großen oder die Kunst die chemischen Produkte fabrikmäßig zu verfertigen.* Seine Anmerkung in der Vorrede Demachys ist ein Situationsbericht der Zwischenzeit, als die handwerkliche Chemie ihrem Ende entgegen ging, einige winzige Fabriken Schwefelsäure oder Scheidewasser produzierten und der »Chemist« in seinem Labor nicht mehr als »Arzneigläser« füllte:

»Der Chemist, als solcher betrachtet, hat andere Zwecke, als der Fabrikant, in chemischen Produkten, und bedient sich folglich auch anderer Mittel. Jener kann aufs Kochsalze die Säure mit Vitriolöle ziehen und mit Hirschhornsalze zum Salmiak verbinden, ihn dann in porzellainen Geschirren abdampfen und in Arzneigläsern auftreiben. Er wird hierbei manches neue bemerken können, wenn er richtige Augen hat, aber verkäufliche Waare muß er nur auf diesem Wege nicht machen wollen, wie Alberti (Michael Alberti 1682 – 1757, Professor der Medizin in Halle) wähnte, unter anderen. Mir deuchtet der Künstler größer, der durch geringe und wohlfeile Materialien große und nützliche Sachen liefert, wenigstens ist er nützlicher, als der uns vordemonstrirt, daß Glaubersalz in der That aus Vitriolsäure und mineralischem Laugensalze bestehe. Ich hasse die ewig sich wiederholende Mikrologie (Kleinigkeitskrämerei) lärmender Chemisten von Profession, so wie ich oft die stille Weisheit unansehnlicher, aber für ganze Länder wichtiger Künstler bewundre, die durch

Sparsamkeit und gute Wahl ihrer Mittel so große Zwecke erreichen« (Anmerkung von Samuel Hahnemann zur Vorrede).[80]

An anderer Stelle wettert er gegen Fabrikanten, die ihr Vorgehen geheim hielten und deshalb leichter betrügen könnten. Hahnemanns Widerwillen gegen die Chemisten von Profession und seine Bewunderung für Künstler, die in großem Maßstab produzieren, liegt an der Unreife der wissenschaftlichen Chemie vor Lavoisier, der eine Übertragung ihrer Ergebnisse im Labor auf Reaktionen größerer Substanzmengen noch nicht gelingen wollte, weshalb schon die Handwerker weitgehend auf ihren Rat verzichtet hatten. Die Wahl des deutschen Titels durch Hahnemann ist eine Interpretation des Anliegens Demarchys, chemischen Manufakturen auf die Sprünge zu helfen und ihren Ausstoß zu steigern. Der französische Titel lautet übersetzt *Die Kunst des Destillateurs von Scheidewasser etc.* Um Scheidewasser als Schwerpunkt gruppierte er eine ganze Produktpalette, die von einem Großlabor hergestellt werden konnten, die Beschreibung einer Arbeitsteilung, in der das bisher vereinzelte Apothekerhandwerk aufging. Ihre Größe machte sie jetzt abhängig von einem funktionierenden Handel, und es ist deshalb kein Wunder, dass der Handel mit Scheidewasser lange Zeit von Holländern und einigen Städten Flanderns dominiert war.

»In kurzem vermehrten die Scheidewasserfabrikanten die Gegenstände ihrer Beschäftigungen. Sie unternahmen die Lieferung der geistigen Liqueurs und anderer chemischer Bereitungen an verschiedene Künstler, welche sich entweder dieselben nur mit großen Kosten oder fehlerhaft und ungeschickt bereiten konnten. Hieraus fließt die natürliche Eintheilung der von mir abzuhandelnden Kunst in drei Theile. Im ersten, den ich die Beschreibung der Scheidewässer und andrer Säuren im Großen überschreibe, handle ich von allem, was zur Bereitung des Scheidewassers, des Salzgeistes, Vitriolöls und sogar des Weinessigs im Großen erforderlich ist…« (Einleitung).

Im zweiten Teil geht es um Branntwein, Laugen und Salze, d.h. um die Behandlung flüssiger chemischer Produkte, im dritten um die Bereitung trockener von sehr großer Bandbreite. Demachy beschreibt bereits existierende Manufakturen. Nicht über Erfindungen könne er berichten, entschuldigt er sich bei seinem Auftraggeber, der französischen Akademie, denn die Verfahren seien alle bekannt. In seinen Beschreibungen finden sich tatsächlich keine technologischen Neuerungen, keine neuen Substanzen und keine neuen Geräte. Die vorgeschlagenen Dichtungen sind fast noch dieselben wie sie schon bei Ercker zu finden waren. Die Gerätschaften sind für eine höhere Produktion einfach ein paar Nummern größer, der Galeerenofen kann dann schon mal aus 44 Retorten bestehen, 22 auf jeder Seite.

Die Diskussion Demachys dreht sich nicht so sehr um den Ablauf einer chemischen Reaktion, sondern vielmehr um die Preise der in sie eingehenden Substanzen und den Marktwert des Endprodukts. Das wird an unzähligen Beispielen durchgerechnet. Der ökonomische Einsatz von Brennmaterial, der preiswerte Einkauf von Rohmaterialien und ein an den Produktionsablauf angepasster Bau der Fabrik mit durchdachter Arbeitsteilung, das ist es, was diese höhere Organisation des Ablaufs vor der handwerklichen auszeichnet. »Wirtschaftliche Künstler« nennt sie Demachy in der Übersetzung Hahnemanns. Genauso gut oder besser könnte man »artiste« in diesem Zusammenhang mit Handwerker übersetzen. Denn wirtschaftlich denkende und handelnde Handwerker waren sie in steigendem Maße, seitdem sie sich in Manufakturen wiederfanden und ihre Entscheidungen von expandierenden Märkten diktieren lassen mussten. Nur technologisch blieben sie noch weitgehend dem alten Handwerk verhaftet.

»Der erste Zweck unserer Fabrikanten…ist die Menge, der zweite die Wohlfeilheit ihrer Produkte, ohne viel an die größte Vollkommenheit ihrer Produkte zu denken, so lange sie nicht mit der größten Sparsamkeit bestehen kann« (Vorrede).

Zur Führung einer Galeere brauche man, so Demachy, während ihres 12-Stunden Betriebs beim Scheidewasserbrennen zwei Leute, die aber könnten »ohne Überlast« auch zwei Galeeren führen. Und man brauche immer so viel ruhende wie arbeitende Galeeren, damit der Betrieb keinen Tag still stehe. Während eine arbeite, werde eine andere vorbereitet und beschickt, damit sie am nächsten Tag angefeuert werden könne. Das folgende Zitat zeigt, wie stark sich inzwischen ökonomische Überlegungen in der Betriebsorganisation und in der Wahl des Verfahrens bei den Betreibern der Manufakturen durchgesetzt haben:

»Wenn nun der rauchende Salpetergeist aus den Kruken (Behälter) herüber steigt, und sich mit dem Wasser innig vermischt, so giebt dies ein

Scheidewasser von vier bis sechsunzwanzig Sous Preis. Hierbei braucht man eine viel kürzere Feuerung, um eine so beladene Galeere bis zu Ende zu bringen, sechs Stunden Zeit sind hinlänglich, folglich ist auf Seiten der Zeit Ersparniß; in jede Kruke thut man mehr als zwei Pfund Salpeter, eine zweite Ersparniß, weil das Produkt, das in gleich vielen Kruken erhalten wird, in größerer Menge entsteht. Man braucht nur ein halb Pfund Vitriolöl zu einem Pfund Salpeter, während man drei Pfund getrockneten Thon beim gewöhnlichen Verfahren nötig hat.«[81] (Abbildung 33)

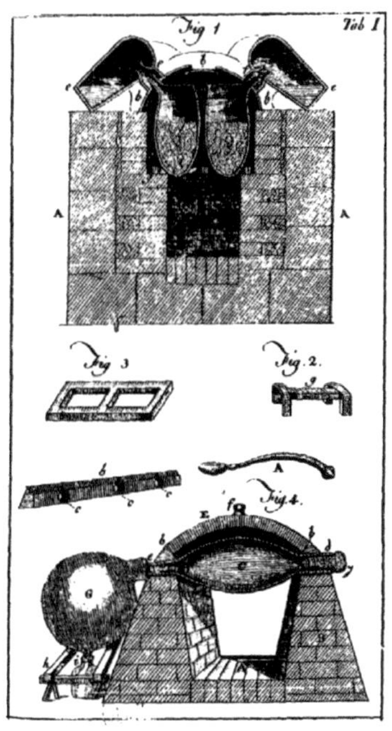

Abbildung 33: Zwei verschiedene Galeerenöfen zum Scheidewasserbrennen im Querschnitt. Der untere mit der ballonförmigen Vorlage ist das neuere Modell, das Demachy propagiert. Es ist ca 3 ½ m lang, schon auf den ersten Blick besser abzudichten und mit einer einzigen waagrecht liegenden Retorte C, die zwei Vorlagen bedient, leichter zu beschicken. Sie liegt eng am heißen und mit Leim abgedichteten »Dach aus Krukenscherbeln« an und wird so rundum gleichmäßig erhitzt. Krukenscherbeln sind Bruchstücke der Retorte, die Hahnemann mit Kruke übersetzt. Für die Entnahme der Retorte musste das Dach entfernt und immer wieder neu gedeckt und verleimt werden, ein Verfahren, das auch die Nordhäuser Oleumbrenner angewandt haben. Deren Galeerenofen war allerdings fast doppelt so lang und eben deshalb bereits eine Fabrik und nicht nur ein Labor im Großen. Schräg aufsteigende Ofenwände vergrößern den Raum für die Retorten. Auffallend die kleine Flasche i unter der Vorlage, »die die verdichteten Geister aufnimmt«, die in der alten Version nur unter Verlust eines Teils der Geister beim Entfernen der Vorlage erreicht wurde. Die Einzelteile gehören alle zur neuen Galeere und sind Hilfsmittel beim Feuern oder wie b ein Stabilsator für die Hälse der Retorten (Jacques-François Demachy, Laborant im Großen oder die Kunst die chemischen Produkte fabrikmäßig zu verfertigen. Leipzig 1784, Tafel I).

Mit der Konzentration der Scheidewasserproduktion auf die Hersteller größerer Mengen nahm das Bedürfnis nach einem garantierten Qualitätsstandard zu. Betrüger, meist kleinere Hersteller, verdünnten schon mal mit Wasser, aber es gab noch kein Messverfahren, das ihnen auf die Schliche gekommen wäre, wie Hahnemann in einer Fußnote bedauerte.[82] Es blieb nur die Empfehlung, immer bei denen einzukaufen, die man kennt und die reell produzierten.

Da der Umgang mit dem Scheidewasser noch nicht nach wissenschaftlichen Kriterien erfolgte, konnte es schon einmal vorkommen, dass nachträgliche Zusätze wie Quecksilber, denen man eine Verstärkung der Wirkung, etwa bei der Behandlung der Felle als Mittel zur Enthaarung, zuschrieb, bei den Anwendern, hier den Hutmachern, zu schweren Vergiftungserscheinungen führten. Demachy berichtet von einem Hutmacherbetrieb, in dem alle wegen einer chronischen Quecksilbervergiftung zitterten. Das zeigt nur, wie prekär sich eine schlichte Erhöhung der Produktion auf die Beteiligten auswirken konnte, wenn sie in ihren Wirkungen noch nicht voll verstanden war. Hahnemanns wortreiche aber letztlich kläglichen Versuche in dieser Richtung, die er in umfänglichen Anmerkungen schilderte, basierten noch auf der Phlogistontheorie Stahls, deren Zeit offensichtlich abgelaufen war. Mit ihr waren komplizierte chemische Reaktionen nicht mehr zu erklären, Reaktionen, bei denen wie bei der Produktion des Vitriolöls und des Scheidewassers Gase involviert waren. Demachy konnte mit Chemikern, die sich den Gasen widmeten und durch die sie Sauerstoff, Stickstoff, Kohlendioxid und Wasserstoff entdeckten, nichts anfangen und denunzierte sie als »Pneumatisten«. Das waren eine Art Esoteriker, für die sich die ganze Materie in substanzlose Geister auflöste. Demachy war immerhin der erste Professor für Pharmazie in Frankreich, als er sich von der rasanten Entwicklung der Chemie als Wissenschaft überrollen ließ, was aber seiner Sammlung chemischer Manufakturen und seinem Appell zur Produktionssteigerung keinen Abbruch tut.

Das Handwerk wächst aus seinen Kleidern

Das Handwerk ist zusammen mit dem Leben des Charles Tennant (1768–1838) in die Chemieindustrie hineingewachsen. Kaum eine andere Biographie eines Chemieindustriellen spiegelt diese Entwicklung so deutlich wider wie die seine, denn viele der Beteiligten am Aufbau chemischer Fabriken hatten irgendeine akademische Ausbildung erhalten, sei es als Mediziner wie Roebuck (Bleikammer), als Apotheker wie Grüneberg (Kalisalz) oder als Chemiker wie Chaptal (Leblanc-Soda).

Bei Charles Tennant nichts dergleichen. Er war das neunte von sechzehn Kindern eines schottischen Bauern, der sich auf die Seidenweberei umgestellt hatte und das Handwerk seinem Sohn beibrachte. Charles erkannte früh, dass die althergebrachte Art des Bleichens das Haupthindernis für die Entwicklung der Textilindustrie in Schottland geworden war und experimentierte sieben Jahre lang auf einem eigenem Bleichfeld südlich von Glasgow mit Kalk und Chlor. 1798 erhielt er ein Patent[83] auf eine Flüssigkeit und etwas später auf einen Puder zum Bleichen und gründete ein Jahr danach zusammen mit drei Partnern, darunter einem Chemiker, eine Fabrik nördlich von Glasgow, in St. Rollox am eben erst fertig gestellten *Monkland Canal*, auf dem Kohle von den 20 km entfernten *Monklands* nach Glasgow transportiert wurde und der die Energieversorgung seiner Fabrik fast zu einem Kinderspiel machte. Innerhalb von nur fünf Jahren steigerte er die Produktion seines Bleichpulvers von 52 Tonnen im ersten auf über 9200 Tonnen im fünften Jahr. Zwischen 1830 und 1840 war St. Rollox zur größten Chemiefabrik der Welt geworden und beschäftigte 500 Arbeiter (Abbildung 34).

Tennant brauchte für sein Bleichpulver Kochsalz, gebrannten Kalk, Braunstein (Manganoxid) und jede Menge Schwefelsäure. Das Endprodukt bestand aus einer Mischung von Kalziumchlorid, Kalziumhypochlorid und Kalziumhydroxid, dem Chlorkalk, der in seiner Bleichwirkung Pottasche, Soda oder Schwefelsäure ersetzte und für den fulminanten Aufstieg der *St. Rollox Chemical Works* verantwortlich war. Das von Tennant patentierte Verfahren hat viele handwerkliche Wurzeln, die er in seiner Patentschrift auch nicht verhehlte. Zuerst wurde gebrannter Kalk (Kalziumoxid) mit ein wenig Wasser gelöscht und durch ein Sieb getrieben, damit Kalziumhydroxid als Pulver ausfällt, und das Pulver in ein Gefäß geschüttet, wie es bei den Bleichern in Gebrauch war. Dazu kamen Kochsalz, Braunstein und verdünnte Schwefelsäure. Im Pulvergemisch,

Abbildung 34: Die Eröffnung der Eisenbahnstrecke von Glasgow nach Garnkirk am 27. September 1831 mit den St. Rollox Chemical Works des Charles Tennant in Townhead / Glasgow. Sie war vor allem für den Kohletransport von den Kohlegruben der Monklands nach Glasgow gebaut worden und verkürzte die bisherige Transportzeit auf dem 1791 eröffneten Monkland Kanal erheblich. Hauptsponsor war Charles Tennant & Co. Lithographie W. Day nach einer Zeichnung des späteren Fotografen David Octavius Hill. Perth Museum.

gelöst in 140 britischen Gallonen Wasser (ca. 640 Liter) bildete sich Salzsäure. Dieser »Liquor« wurde in einer Retorte unter ständigem Umrühren erhitzt bis keine Salzsäuredämpfe mehr entwichen. Tennant wollte durch die starke Verdünnung erreichen, dass sich die Kalkpartikel in einer »mechanischen Suspension« fein verteilen und Chlor »gierig absobieren« können. Man könne, so Tennant, diese Lösung je nach Verwendungszweck variieren, und es wäre eigentlich egal, mit welchen Substanzen die Entwicklung der Salzsäuredämpfe eingeleitet werde. Nach drei Stunden Ruhe wurde die Flüssigkeit klar und war gebrauchsfertig.

Was wirklich in der Lösung vor sich ging, blieb lange weitgehend im Dunkeln, obwohl einzelne Schritt der ablaufenden Reaktion längst bekannt waren. Die Umsetzung von Kochsalz in Glaubersalz durch Zusatz von Schwefelsäure, bei der Salzsäure entwich, entsprach auch dem ersten Schritt im Sodaverfahren Leblancs. Das Löschen gebrannten Kalks, der als Kalziumhydroxid in Lösung ging, war gängige Praxis der

Seifensieder zum Anschärfen der Lauge. Verständnisprobleme bereitete vor allem die Rolle des von Tennant zugesetzten Braunsteins. Sie klärte sich erst, als Tennants Reaktionslösung zur Herstellung des Pulvers in eine Abfolge von Reaktionsschritten zerlegt wurde. Braunstein (Manganoxid) war die seit der Antike bekannte »Glasmacherseife«. Er konnte die in der Glasschmelze durch Eisen (II) blau gefärbten Gläser zu Eisen (III) oxidieren und bis auf ein schwaches Gelb entfärben. Im Liquor Tennants oxidierte er bei Erhöhung der Temperatur die Salzsäure über Manganchlorid zu Chlor, das nun vom gelöschten Kalk »gierig absorbiert« werden konnte.[84]

Tennant gab selbst zu, dass er bei der Behandlung des gebrannten Kalks keinen neuen Vorschlag gemacht habe. Das wäre alles längst bekannt. Was er für sich reklamierte, war die Entdeckung der Reaktionen bei der extremen Kalkverdünnung von 1:700, die er auf seine fein verteilte Suspension zurückführte. Die Bleichwirkung seines vergleichsweise billigen Liquors wäre genau so gut wie diejenige einer alkalischen Lösung und hätte noch den Vorteil, dass sie gefärbte Stoffe lebhafter erscheinen ließe. Weitere Versuche, mit anderen Substanzen zum selben Ergebnis zu kommen, liefen darauf hinaus, die Palette der Nebenprodukte zu verbreitern, so ähnlich wie das die Nordhäuser Oleumbrenner gemacht haben.

Tennant blieb nicht beim Bleichpulver. Da er sowieso Schwefelsäure in einer ganz bestimmten Konzentration brauchte, produzierte er sie nun in großem Stil selbst. Er begann 1803 mit sechs Bleikammern, zwei Jahre später waren es schon 26, bis 1811 kamen noch sechs weitere, jetzt modernisierte hinzu, bei denen der Schwefel außerhalb der Kammern gebrannt und erst dann die Gase in die Kammern geleitet wurden. Seit den 20er Jahren wurden Seife und Leblanc-Soda produziert.[85] Mit den *St. Rollox Chemical Works* ist die Schwefelsäure mitten in einer bereits diversifizierten chemischen Industrie angekommen.

Ein wissenschaftlicher Ertrag der Chemie des Handwerks?

Wenn wir das Wissen in Betracht ziehen, das sich über Jahrhunderte im Handwerk angesammelt hat, und berücksichtigen, wer es abgeschöpft hat, dann lautet die Antwort ja. Das Wissen alleine wäre allerdings niemals nach unserem heutigen Verständnis Wissenschaft geworden, wenn es nicht von der Chemie absorbiert worden wäre. Aber meine Fragen zielten auf etwas Anderes. Ich wollte herausfinden, ob nicht schon in dem Vorgehen der Hüttenleute und Handwerker Elemente zu finden sind, die über ihre alltägliche Praxis hinausweisen und sich in einigermaßen gesicherten Regeln niederschlagen. In der Barocksprache gibt es eine häufig benutzte Formulierung, die dem ursprünglichen Sinn von Wissenschaft sehr nahe kommt und sich ausgezeichnet für meine Fragestellung eignet. Frühere Beobachter wären gar nicht auf die Idee gekommen, danach zu fragen, ob Handwerk Wissenschaft sei oder nicht, sie hätten gefragt, ob ein Handwerker Wissenschaft von seinem Metier habe, ob er sein Handwerk mit Wissen betreibe und ob er wusste, was am Ende der Reaktionskaskade herauskommen wird. Sie hätten unterschieden zwischen blinder Werkelei und rationalem Handeln. So gesehen musste ein erfolgreicher Handwerker »viel Wissenschaft haben«, wie Agricola (1494–1555) einmal bemerkte.

Meine Fragen kreisten deshalb um diese Produktionsabläufe im Detail und sie zielten auf die Momente, in denen analytische Fähigkeiten und rationale Kriterien zu Steuerung der Prozesse sichtbar werden. Die einfache und bodenständige, aber praxistaugliche Sprache durfte kein Hindernis darstellen – und tat sie auch nicht. Sie war allemal klarer als der blutarme Dogmatismus einer knospenden Wissenschaft, der gedankliche Kurzschlüsse mit Urteilsfähigkeit über die Praxis verwechselt. Von Chemikern und Alchemisten konnten die Handwerker bis zum Ende des 18. Jahrhunderts kühne Hypothesen über die Zusammensetzung der Materie, aber nur selten belastbare Resultate für ihre praktischen Probleme erwarten.

Seit Erckers Aussage, die Wahnvorstellungen der Philosophen stimmten mit den Regeln und Erfahrungen der gemeinen Bergleute nicht überein und seien daher nutzlos, waren spekulative Theorien als Zersetzungsprodukte der Substanzlehre des Aristoteles ins Kraut geschossen und hatten sich bei der Erklärung chemischer Reaktionen in einem wirbelnden Tanz um Verwandtschaftsverhältnisse und Wesen metallischer und salziger Erden wortgewaltig ineinander verbissen, die quälend langen Geburtswehen der Chemie als Wissenschaft. Der Apotheker Caspar Neumann (1683–1737) sprach gar von einer *Chymia medica dogmatico-experimentalis*. In diesem Gezerre von Theorieversuchen auf dünner experimenteller Basis war die Dickköpfigkeit der Handwerker geradezu ein Garant für sinnvolles Handeln. Sie pochten auf ihre Erfahrung, die einen Ertrag versprach, und scherten sich nicht um Erkenntnisse von mit Kleinstmengen tüftelnder Apotheker und Chemiker, die mit ihrer Praxis, große Mengen des gewünschten Stoffes aus verbackenem Gestein zu extrahieren, in Erdhaufen anzureichern oder aus einer undefinierbaren Brühe auszulaugen, nicht vereinbar waren. Die ersten Chemiker, die wie Georg Ernst Stahl[86] und die Gebrüder Étienne François Geoffroy[87] und Claude-Joseph Geoffroy[88] zu Beginn des 18. Jahrhunderts mit Vitriolen experimentierten, haben die grundlegenden Operationen von ihnen gelernt. Claude-Joseph Geoffroy nennt zahlreiche Beispiele, die belegen, dass die Hüttenleute und Münzmeister dem alchemistischen Wahn einer Umwandlung von Metallen in Gold nicht anhingen, sondern wussten, dass sie nur das aus dem Gestein oder aus Lösungen herausholen und niederschlagen konnten, was in ihnen steckt. Dieses von Generation zu Generation weitergegebene Wissen war die unabdingbare Voraussetzung für eine wissenschaftliche Chemie, die sich strikt an Beobachtung und Experiment hält und damit den alchemistischen Phantastereien mit unwiderlegbaren Beweisen zu Leibe rücken wird. Erst als den Chemikern in der Nachfolge Lavoisiers eine experimentell überprüfbare Theorie der Verbrennung und der atomaren Zusammensetzung der Materie zur Verfügung stand, wurden die lediglich auf wechselvoller Erfahrung beruhenden Vorgehensweisen der Handwerker endgültig obsolet, ihre substantiellen Beiträge zum Entstehen einer wissenschaftlichen Chemie abgewertet und in das Dunkel einer endlich verlassenen Vorzeit verbannt.

Es ist schwierig, jeder einzelnen Spur zu folgen, die die Schwefelsäure in der Chemie des Handwerks gelegt hat, aber die immer wieder aufgesuchten Pfade sind leicht auszumachen. Sie führen, wie ich zu zeigen versucht habe, mit Soda, Kalk und Salpeter im Gepäck allesamt in die Chemieindustrie. Schwieriger ist es, die grundlegenden Kenntnisse über chemische Reaktionen aus den handwerklichen Verfahren herauszufiltern, da sie sich lediglich in wiederholten Tätigkeiten äußern und die gemeinsamen Wurzeln einer Salz- und Säurechemie von den Praktikern kaum artikuliert werden. Wir müssten bei archäologischen Methoden Zuflucht nehmen, wenn es nicht doch den einen oder anderen Sachverständigen gäbe, der jeden einzelnen Handgriff beschrieben und manchmal auch interpretiert hat. Aus solchen detaillierten Beschreibungen habe ich versucht, die Quintessenz des Wissens über chemische Reaktionen, die mit Schwefelsäure in einem näheren oder weiteren Zusammenhang stehen, zu destillieren.

Ergebnis: Die wichtigsten Grundmuster chemischer Reaktionen waren den Bergleuten und Handwerkern in ihrer Gesamtheit bekannt. Das größte und am weitesten gestreute Wissen hatten die Probierer der Hüttenwerke. Mit hervorstechenden Fähigkeiten in der Analyse von Metallen, kannten sie sich auch als die Analysierer des Vitriols und des Salpeters im temperaturabhängigen Kristallisationsverhalten von Salzen und in den Voraussetzungen zur Bildung von Kristallisationskernen aus. Sie wussten als Scheidewasserproduzenten um die Möglichkeit, die Säureeigenschaft der Schwefelsäure auf das Salpetersalz zu übertragen. Damit war die Schwefelsäure ein Mittel zum Zweck geworden, ein Reagenz, das im Produktionsprozess verschwand, was auch ihr zukünftiges Schicksal in der Chemieindustrie bestimmen wird. Die Probierer und Hüttenleute trennten Metallsulfide von Metallsulfaten nach ihren unterschiedlichen Schmelzpunkten. Sie kannten die Zementation, bei der aus einer Salzlösung das edlere Metall durch das unedle rein ausgefällt wird, während das unedle in Lösung geht. Ercker kannte eine Läuterung für Scheidewasser, bei der Silber Verunreinigungen ausfällt. Er war in der Feinsteuerung chemischer Reaktionen schon weit fortgeschritten und arbeitete mit dem Sekundentakt von Hammerschlägen, der die Geschwindigkeit der Destillation kontrollierte, und mit empfindlichen Waagen, die ein Einwiegen der Proben in Bruchteilen eines Gramms erlaubte.

Salpetersieder reicherten Kaliumnitrat bis zur kristallisationsfähigen Sättigung an, indem sie zwei Laugen mischten. Aschenbrenner erreichten dasselbe Ergebnis mit Kaliumkarbonat und Natriumkarbonat durch wiederholtes Auslaugen von Pottasche oder Soda. Die Seifensieder entdeckten den gebrannten Kalk zum Schärfen der Laugen, ihrer Umwandlung in Natron- bzw. Kalilauge, die die Fette zu Fettsäuren zerlegen konnte und sie mit Natrium oder Kalium verseiften.

Diese Leistungen sind nur zu beurteilen, wenn man sich klar macht, dass in den parallel verlaufenden Entwicklungen von Alchemie und Apothekerlabors ebenfalls kein wissenschaftlich tragfähiges Verständnis chemischer Reaktionen vorhanden war. Was dort an Erklärungen versucht wurde, war entweder, wie bei den Alchemisten, von der Mythologie des Steins der Weisen verformt und von der Gier nach Gold verfälscht, oder wie bei den Apothekern, in der verwirrenden Symbolik der Alchemie und geisterhaften Worthülsen einer noch hilflosen Wissenschaft versteckt. Es gibt deshalb keinen Grund, ihnen gegenüber das Wissen der Handwerker und Hüttenleute abzuwerten. Es war nicht wissenschaftlich fundiert, aber es war in der Lage, Einzelsubstanzen aus einer ungeheuren Vielfalt des Ausgangsmaterials zu isolieren und zu reproduzierbaren Ergebnissen zu gelangen. Dieses Praxiswissen hatte oft eine sehr lange Tradition, die im Laufe der Zeit immer weiter verfeinert wurde. Es war immun gegenüber allen spekulativen Höhenflügen, auch wenn es sich gelegentlich von einer Magie der Angst und von Wünschelruten steuern und vom Teufel ins Bockshorn jagen ließ. Am Ende stand immer ein Produkt, das einen Gebrauchswert hatte und nachgefragt wurde. Nur das rechtfertigte die Anstrengungen, die Gefährdungen der Gesundheit und die Zerstörung der Umwelt.

Handwerker verfügten also über eine ganze Reihe von Techniken der Läuterung, des Destillierens und Auskristalllisierens, die sie auch zur Darstellung der Vitriole und des Salpeters brauchten. Diese Grundfertigkeiten waren weit verbreitet, in den Hüttenbetrieben waren sie konzentriert. Man braucht daher nicht viel Fantasie, um sich eine enge Verflechtung der Gewerke und einen Erfahrungsaustausch über Erfolg versprechende Methoden vorzustellen. Er mag im Allgemeinen örtlich oder regional begrenzt gewesen sein, aber die Erfahrungen wanderten auch ohne schriftliche Fixierung mit den Bergleuten und Handwerkern als Apostel oft weit weg von ihrem Ursprungsort. Das Beispiel der Glasschmelzer, der Harzer Bergleute und der Oleumdestillatoren zeigt, dass auch Länder übergreifend Techniken nachgeahmt und verfeinert wurden.

Das Handwerk musste sich vor allem rechnen. Der Holzverbrauch beim Grubenausbau, beim Schmelzen und Rösten, beim Destillieren und Einkochen der Laugen und Verkohlen der Hölzer war der entscheidende Kostenfaktor, und er fraß die Wälder auf. Wenn sich Holz nach dem Raubbau in der Umgebung auch noch durch den Transport verteuerte und dadurch die Gewinne wegschmolzen, wurden Hüttenbetriebe kurzerhand aufgegeben, auch wenn die Erz- und Mineralvorkommen noch nicht erschopft waren. Die Regierung des Feuers war nicht nur der Kern der Steuerung des chemischen Prozesses, sondern auch unter ökonomischen Aspekten entscheidend für Erfolg oder Misserfolg einer Produktionsanlage. So kristallisierten sich im Laufe der Zeit Grundtypen von

Öfen, Tiegeln und Destillierkolben heraus, die sich, für einen bestimmten Wärmeeinsatz konzipiert, in vielen Gewerken mit nur geringen Variationen wiederfanden. Die Temperatur-, Zeit- und Mengenabhängigkeit ihrer Verfahren war den Handwerkern so bewusst, dass sie für ein erfolgreiches Ausbringen und, um das besonders teure Abkühlen der Öfen zu verhindern und den Kristallisationspunkt der Salze abzupassen, Nachtschichten in Kauf nahmen oder auch Sonn- und Feiertags feuerten. Sie nahmen damit das Zeitregime der industriellen Produktion vorweg, das mit dem Leblanc-Verfahren zur Herstellung von Soda unter Mithilfe von Schwefelsäure und Salpeter die Chemieindustrie von Anfang an prägte.

Man kann sich kaum darüber streiten, dass handwerkliches Wissen von der wissenschaftlichen Chemie begierig aufgenommen wurde, nur die Kanäle der Vermittlung könnten zu unterschiedlichen Einschätzungen Anlass geben. Sie sind nicht immer eindeutig auszumachen. Da wäre einmal die Liste der Ärzte und Chemiker, die aus dem handwerklichen Fundus schöpften. Sie ist lang und sie enthält solche Schwergewichte wie Caspar Neumann, Georg Ernst Stahl, Francis Home und Jean-Antoine Chaptal. Aber diese bilden nur die Spitze des Eisbergs, der tief in das breiter werdende Meer akademisch geschulter Bergkommissare, kameralistischer Inspektoren und Emissäre wissenschaftlicher Gesellschaften hineinreicht. Diese oft als Staatskontrolleure des Handwerks und der Manufakturen auftretenden Herrschaften waren, ohne dass sie es in ihrer verbeamteten Grandezza zugeben wollten, in aller erster Linie Lernende. Was sie sahen und was sie in ihren Berichten festhielten, war handwerkliche Praxis, angereichert mit einigen Verbesserungsvorschlägen, die den nationalen Reichtum und die Steuereinnahmen vergrößern sollten. Aber sie waren eben auch wissenschaftlich geschult und versuchten deshalb, Analysemethoden zu verfeinern, zur Prozesssteuerung Temperaturmessung einzuführen oder den Kern der ablaufenden Reaktionen zu verstehen.

Die handwerkliche Chemie wurde zu einem Motor der Chemie als Wissenschaft, nicht weil sie von heute auf morgen selbst wissenschaftlich geworden wäre, sondern weil ihr Wissen von den Chemikern verdaut, mühsam aufgearbeitet und in den Codex einer von alchemistischer Symbolik befreiten chemischen Formelsprache integriert wurde. Die Unterscheidung großer von kleinen Mengen wich einer einheitlichen Betrachtung von Mengenverhältnissen in Reaktionsgemischen. Gase, die bisher als unverstandener »Spiritus« des Ausgangsmaterials in die Atmosphäre entwichen, waren mit einem Mal zum integralen Bestandteil der qualitativen und quantitativen Analyse geworden. Die Zunahme der Genauigkeit in der Chemie in der zweiten Hälfte des 18. Jahrhunderts ging auch am Handwerk nicht spurlos vorüber.

Der erfolgreiche Handwerker war alles andere als ein in seine Mängel selbstverliebter Wiederholungstäter, aber auch innovativer Unternehmer war er eher nicht. Dazu fehlten die Flexibilität und die Sicherheit, die aus einem theoretisch unterfütterten praktischen Wissen entsteht. Er musste sich an seine bewährten Verfahren klammern, wenn er nicht scheitern wollte. Von Zeit zu Zeit baute sich ein Anpassungsdruck in dem Geflecht von Gewerken auf, in dem er sich bewegte und wechselseitiger Kontrolle unterlag, der ihn als Erfolgreichen auf die Höhe der Zeit oder als Unwilligen zur Strecke brachte. So erging es auch den an der Geschichte der Schwefelsäure Beteiligten. Es genügt ein Blick auf die Öfen zur Destillation, um in den konstruktiven Veränderungen eine Antwort auf die gestiegene Nachfrage zu erkennen, die von neuen Färbe- und Bleichverfahren ausgelöst worden war. Für das Handwerk war mit diesen fast verzweifelten Versuchen der Mengenanpassung ohne eine grundlegende Veränderung des Verfahrens das Ende der Fahnenstange erreicht.

Ein Nachwort zur Präzision des handwerklichen Jargons

Für das Handwerk gab es die Schwefelsäure nicht. Es kannte Schwefel, Oleum und Vitriole. Letztere rochen »schweflicht«, schmeckten salzig und scharf, aber dass es sich um Metallsulfate handelte, wusste keiner. Sie stellten Scheidewasser aus Oleum oder Vitriol mit Salpeter her und definierten es nicht nach Inhalt sondern nach Gebrauchswert. Gutes Scheidewasser hatte klar zu sein, und es musste »wohl angreifen«. Destillierten sie Vitriol, entwichen »Spiritus vitrioli« von unbestimmter Zusammensetzung. Rückstände im erhitzten Kessel waren nicht oxidiert, sondern nach ihrem Aussehen »kalziniert«, und Laugen durch gelöschten Kalk schlicht »angeschärft« statt völlig verändert.

Die Sprache scheint von einer mangelnden Tiefe des Eindringens in chemische Reaktionen zu zeugen, denn sie beschreibt, was sie sieht, schmeckt oder gebrauchen kann. Wenn wir heute sagen, Kohlendioxid entweicht, sagten sie nur »es braust«. Salze und Säuren schmeckten scharf, und nach dem »Absüßen« waren sie aus der Lösung verschwunden. Ihre Farbe war ein Hinweis auf Kupfer oder Eisen, ein Farbumschlag zeigte ihr Verschwinden zu anderen »Verwandten« oder in unbestimmte Niederschläge an. »Wohlgesottenes Vitriol« hatte nicht ganz wasserfrei zu sein, denn vollkommen »kalziniertes« verhinderte die Destillation zu Oleum. Vitriole wurden durch Sieden und Erkalten »zum Kristallisieren geschickt« gemacht, damit sie »anschießen« konnten im Sinne von »angeschossen kommen«, um sich zu versammeln. Salpeter sollte »wachsen« und »blühen« wie Pflanzen auf dem Acker.

Die Beispiele ließen sich vermehren. Es war der Widerspruch zwischen dieser sinnlichen Sprache und der offensichtlichen Fähigkeit zum analytischen Vorgehen, der mich erstaunt hat. Wir verlangen von einer Analyse den Gebrauch wissenschaftlich überprüf- und reproduzierbarer Kategorien und haben uns daran gewöhnt, unseren Sinnen mit messenden Apparaten zu misstrauen. Nach unserer Definition wäre eine Sprache, die nur subjektive Sinnesqualitäten artikuliert und Gasen die schlichten Etiketten des Ausgangsmaterials verpasst, nicht zu einer Analyse fähig, die die Oberfläche der Erscheinungen durchdringt und Vorhersagen erlaubt. Aber offensichtlich war diese Sprache völlig ausreichend, um die chemischen Abläufe auf das gewünschte Ergebnis hin zu steuern.

Mit vielen Begriffen beschrieben sie einen Prozess, wie z.B. mit »Absüßen«, »Anschießen« und »Kalzinieren«. Geschmacksqualitäten und Farbumschläge wurden als analytische Kategorien gebraucht. Das funktionierte, weil die Handwerker ja nur auf ganz bestimmte Reaktionsabläufe achten mussten, die sie schon hunderte Male von Anfang bis Ende beobachtet hatten. In der Wiederholung des immer gleichen Verfahrens mit immer gleichen Materialien gewann man die Sicherheit der Zuordnung von Sinneseindrücken zu bestimmten Substanzen, gelangte zu Kenntnissen über ihre Eigenschaften, erkannte den Fortgang der chemischen Reaktion und wusste, wann das gewünschte Ergebnis erreicht war. Ihr Wissens basierte auf dieser visuellen, haptischen, geschmacklichen und sogar akustischen Vertrautheit mit dem Material.

Die einzelnen Schritte der Verfahren wurden von Ercker und anderen nicht ohne Grund so genau beschrieben. Da übergeordnete Kriterien fehlten, war die gleichbleibende Abfolge der einzige Garant gegen unliebsame Überraschungen. Die strikte Wiederholung des Bekannten schaffte Sicherheit. Wenn Ercker ein Verfahren vorschlug, das mit vergleichbarer Wahrscheinlichkeit zum selben Ergebnis führte, ließ er kein Detail der Veränderung des praktischen Vorgehens unerwähnt. Erfolg oder Misserfolg lagen dicht beieinander, und solange der theoretische Anker fehlte, blieben Variationen einer einmal als erfolgreich erkannten Praxis ein teures Glückspiel mit ungewissem Ausgang. Das ist einer der Gründe für die über Jahrhunderte stabilen Verfahren der handwerklichen Chemie.

In diesem nur selten verlassenen Rahmen war auch auf den Sprachgebrauch Verlass, solange regionale Arbeitszusammenhänge nicht überschritten wurden. Zu Beispiel wusste jeder im Raum Goslar, was mit »wohlgesottenem Vitriol« gemeint war. Man konnte mit diesem Begriff sogar europaweite Handelsverträge abschließen, weil Goslarer Vitriol den Qualitätsstandard setzte. Auch Begriffe wie »geläutert« oder »roh« beschrieben Qualität. Der jeweilige Arbeitsaufwand schlug sich in der Sprache und in den Preisen nieder. Im Vordergrund des Titelbilds von Henkels Kieß-Historie, und in seiner Bedeutung hervorgehoben, diskutiert ein Bergwerks- und Hüttenbetreiber mit einem Kaufmann über die Modalitäten des Handels. Handwerk war eben ein Geschäft, und diejenigen, die es betrieben, hatten anderes im Sinn, als lediglich zum Erkenntnisgewinn die Natur zu befragen. Dass sie ihre Geschäfte mit einem gesicherten Wissen um chemische Zusammenhänge betrieben, gehört zu den großen kollektiven Leistungen in der Geschichte der Naturwissenschaften.

Anmerkungen

1 Karl Johann Bernhard Karsten, System der Metallurgie: geschichtlich, statistisch, historisch und technisch. Berlin 1831, Band 3, S. 427 ff.

2 Johann Gottlieb Kern, Friedrich Wilhelm von Oppel, Bericht vom Bergbau. Leipzig 1772, S. 22).

3 Matthias Flurl, Beschreibung der Gebirge von Baiern und der oberen Pfalz. München 1792, S. 271.

4 Lazarus Ercker, Das große Probierbuch. Beschreibung der Allervornehmsten Mineralische Erze und Bergwerksarten vom Jahre 1580. Eingeleitet und in verständliches Deutsch übertragen von Paul Reinhard Lange. Berlin 1960 S. 208. Ich werde mich wegen leichterer Lesbarkeit auf diesen modernisierten Text beziehen, in dem »Spiritus« durch »Gas« ersetzt ist, obwohl Ercker diesen Begriff noch gar nicht kennen konnte

5 Lothar Klappauf, Niedersächsisches Landesamt für Denkmalpflege, Arbeitsstelle Montanarchäologie. Online.

6 Wolfgang Hannak, Die Rammelsberger Erzlager. Der Aufschluß, Sonderband 28, Heidelberg 1978, S. 127–140.

7 Bruno Kerl, Die Rammelsberger Hüttenprozesse am Communion-Unterharze. Clausthal 1854, S. 5f.

8 Christoph Andreas Schlüter, Gründlicher Unterricht von Hütte-Werken. Braunschweig 1738, S. 576.

9 Johann Friedrich Henckel, Pyritologia oder: Kieß-Historie als des vornehmsten Minerals, Nach dessen Nahmen, Arten, Lagerstätten, Ursprung, Eisen, Kupffer, unmetallischer Erde, Schwefel, Arsenic, Silber, Gold, einfachen Theilgen, Vitriol und Schmelz-Nutzung, Aus vieler Sammlung, Gruben-Befahrung, Umgang und Brief-Wechsel mit Natur- und Berg-Verständigen, vornehmlich aus Chymischer Untersuchung, Mit Physicalisch-Chymischen Entdeckungen, nebst lebhaften und nöthigen Kupffern, wie auch einer Vorrede Vom Nutzen des Bergwercks, insonderheit des Chur-Sächsischen, gefertigt. Leipzig 1725. Eine 2. Auflage 1754. Englisch 1757. Französisch 1760.

10 Georg Henning Behrens, Hercynia Curiosa, oder Curiöser Hartz-Wald. S. 144 ff. Nordhausen 1703. Behrens bezieht sich in einzelnen Sätzen fast wörtlich auf Lazarus Ercker und dessen *Vom Rammelsberge, und dessen Bergwerk, ein kurzer Bericht durch einen wohlerfahrnen und versuchten desselbigen Bergwerks, etlichen seiner guten Freunden, und Liebhabern des Bergwercke zu Ehren und Nutz gestellet, Anno 1565*, wie ihn H. Calvör 1765 in seiner *Nachricht von dem Unter- und Oberharzischen Bergwerk* veröffentlicht und damit vor dem Vergessen retten konnte, da das von Ercker in nur wenigen Exemplaren gedruckte Orginal verschol-

len ist. Behrens nennt nicht Ercker, sondern Löhneiß (Georg Engelhard von Löhneyß, *Gründlicher und ausführlicher Bericht von Bergwercken, wie man dieselbigen nützlich und fruchtbarlich bauen, in glückliches Auffnehmen bringen und in guten wolstand beständig erhalten.* Stockholm und Hamburg 1690), der sich seinerseits bei Ercker bedient hat.

11 dazu: Ludwig Brügge, Gewerbschemie für angehende Chemiker. Prag 1843, S. 167. Siehe Schlüter für die Beschreibung des Vitriolsiedens- und brennens: Christoph Andreas Schlüter, Gründlicher Unterricht von Hütte-Werken. Braunschweig 1732 Cap. CXXXIX, S. 594 beschreibt das Kalzinieren des grünen Vitriols, Eisensulfat, als Vorbereitung zum Brennen von Scheidewasser. In Cap. CXXXIV, S. 577 ausführlich das Sieden des grünen Vitriols in Goslar. In Cap. CXXXIII, S. 574 die allgemeinen Grundlagen des Vitriolsiedens.

12 Schlüter a. a. O., S. 37, 584–587.

13 Hans-Joachim Kraschewski, Heinrich Cramer von Clausbruch und seine Geschäftsverbindungen mit Herzog Julius von Braunschweig-Wolfenbüttel. Zur Geschichte des Fernhandels mit Blei und Vitriol in der zweiten Hälfte des 16. Jahrhunderts. Braunschweigisches Jahrbuch Band 66, Selbstverlag des Braunschweigischen Geschichtsvereins 1985, S. 115 ff. Die Produktionsziffer für Vitriol wurde abgerundet aus Franz Rosenhainer, Die Geschichte des Unterharzer Hüttenwesens. Goslar 1968, S. 150.

14 Gottfried Erich Rosenthal, Die Kunst, Vitriol-Öl und Scheidewasser zu destillieren und andere chemische Produkte zu verfertigen wie solches zu Nordhausen von den dasigen Laboranten seit 150 Jahren, fabrikmäßig ist betrieben worden. Herausgegeben vom Bergcommissarius Rosenthal. Gotha 1804.

15 Matthijs deKeijzer et al., Indigo carmine: favored but fading. Netherland Institue of Cultural Heritage. Online.

16 Johann Georg Meusel, Nachrichten und Bemerkungen historischen und litterarischen Inhalts theils selbst verfasst, theils herausgegeben vom Hofrath und Professor Meusel zu Erlangen. Erlangen 1816. S. 151.

17 Johann Christian Bernhardt, Chymische Versuche und Erfahrungen, auß Vitriole, Salpeter, Ofenruß, Quecksilber, Arsenik, Galbano, Myrrhen, der Peruvianer Fieberrinde und Fliegenschwämmen Kräftige Arzneyen zu machen. Leipzig 1755.

18 Ludwig Brügge, Die Gewerbs-Chemie für angehende Chemiker. Prag 1843, S. 167.

19 J.G. Krünitz, Oekonomische Encyklopädie online, unter Weinsaure Salze.

20 Christlieb Ehregott Gellert, Anfangsgründe zur Probierkunst Als der Zweyte Theil der practischen Metallurgischen Chymie. Neue und mit einigen Zusätzen vom Verfasser vermehrte Auflage. Leipzig 1772, S. 67 f.

21 Ercker, a. a. O., S. 65.

22 Ercker, a. a. O., S. 43.
23 Ercker, a. a. O., S. 144.
24 Ercker, a. a. O., S. 146.
25 Ercker, a. a. O., S. 144.
26 Ercker, a. a. O., S. 151.
27 Ercker, a. a. O., S. 152.
28 Ercker, a. a. O., S. 153.
29 Lazarus Ercker, Vom Rammelsberge, und dessen Bergwerk, ein kurzer Bericht von 1565. In: Drei Schriften. Bochum 1968, S. 217 ff.
30 Allgemeine Encyclopädie für Kaufleute und Fabrikanten. 5. Auflage, S. 366. Leipzig 1843.
31 Ercker, Das große Probierbuch a. a. O., S. 162 f.
32 Schlüter, Gründlicher Unterricht von Hütte-Werken, S. 141.
33 Ercker, a. a. O., S. 170.
34 Ercker, a. a. O., S. 44.
35 D. Johann Krünitz, Oekonomische Enzyklopädie. Band 117, S. 614. Online.
36 Ercker, a. a. O., S. 64.
37 Ercker, a. a. O., Anmerkung 51, S. 62.
38 Ercker, a. a. O., S. 104.
39 Ercker, a. a. O., S. 63.
40 Walter Siegl, Die Geschichte vom Glasmachen 1550 bis 1700. Waldglas, venezianisches »cristallo«, böhmisches Kreideglas. PDF online 2002.
41 Krünitz, Oekonomische Encyclopädie Band 132, S. 93.
42 Dion Leon Güldner, Zur Umweltgeschichte der Schießpulverproduktion in der Habsburgermonarchie: Die Auswirkungen der frühneuzeitlichen Salpeterherstellung auf die Bodenfruchtbarkeit von Agrarökosystemen. Diplomarbeit. Wien 2013 PDF, S. 30.
43 Krünitz, Band 132, S. 143.
44 Johann Christoph Simon, Die Kunst Salpeter zu machen und Scheidewasser zu brennen. Dresden 1771.
45 Johann Schröder, Vollständige und Nutzreiche Apotheke. Nürnberg 1693. S. 746.
46 Simon, a. a. O., S. 67.
47 Ercker, a. a. O., S. 261.
48 Ercker, a. a. O., S. 262.
49 Wilfried Tittmann et al., Salpeter und Salpetergewinnung im Übergang vom Mittelalter zur Neuzeit. Online PDF.
50 Ercker, a. a. O., S. 260.
51 Neben den beiden Genannten waren das Joos de Momper (1564–1635) mit zwei Darstellungen alleine und einer zusammen mit Jan Breughel (1601–1678), Claes Janszoon Visscher (1587–1652), Philips Koninck (1619–1688), David Teniers der Jüngere mit zwei Darstellungen

(1610–1690), Jacob van Ruisdael mit zwei Darstellungen (1628–1682) und Marten Ryckaert (1587–1631).

52 James Wisniak, Bleaching from antiquity to chlorine. Indian Journal of Chemical Technology. Vol 11, Nov. 2004, S.876–887. Online PDF.

53 Francis Home, Experiments on Bleaching. Edinburgh 1756, S.7.

54 Proceedings of the Royal Society of Medicine 1928, April 21 (6), S.1013–1015.

55 Friedrich Philipp Dulk, Pharmacopoea Borussica, Band 1. 2. Aufl., Reutlingen 1833, S.574.

56 The Medical Register of the Year 1783, London 1783, S.136.

57 The Industries in Scotland, Linen and Jute Manufactures. Electric Scotland.com.

58 Home, a.a.O., S.16.

59 Home, a.a.O., S.8.

60 Henry Adamson, James Cant, The Muses Threnodie. Perth 1774. Band 1-2, S.199.

61 Johann Karl Leuchs, Neuestes Handbuch für Fabrikanten, Künstler und Oekonomen. Nürnberg 1823. 5. Band, 2. Auflage, S.183. Leuchs bezieht sich auf Marggraf, Erweis, dass die *salia alcalina fixa* auch ohne Glühefeuer zu erhalten seyen. Chymische Schriften Band 2, S.51.

62 Überlick in Krünitz, Oekonomische Encyclopädie. Berlin 1810. Stichwort Pottasche, Band 116, S.461 ff.

63 A.a.O, S.473.

64 Home, a.a.O., S.128.

65 Henri Louis Duhamel du Monceau, L'art de savonnier. Paris 1774. Dt.: Die Seifensiederkunst von Du Hamel, übersetzt, ausgezogen und vermehrt von Johann Samuel Halle. Berlin 1788, S.5.

66 Jaime Wisniak, Sodium carbonate – From natural resources to Leblanc and back. Indian Journal of Chemical Technology, Vol. 10. January 2003, pp. 99–112.

67 Xavier Daumalin, Industrie et environnement en Provence sous l'Empire et la Restauration. Rives méditerannées 23/ 2006, p. 27–46.

68 Bergpostilla Oder Sarepta durch M. Johann Machesium Pfarrer. Nürnberg 1557, S.109. Sarepta oder Zarpath war eine biblische Bergwerksstadt der Phönizier im heutigen Libanon. Hier im Sinne von »Schmelzhütte« gebraucht.

69 Ercker, a.a.O., S.154.

70 Sigismund Friedrich Hermbstädt, Die Wissenschaft des Seifensiedens oder chemische Grundsätze der Kunst alle Arten Seifen zu fabriciren für Seifensieder und Hauswirthinnen welche diese Kunst verständig ausüben wollen. Berlin und Stettin 1808, S.175.

71 Herrn Peter Joseph Macquers Chymisches Wörterbuch. Zweyte verbes-

serte und vermehrte Ausgabe. 6. Teil. Leipzig 1790, S. 68 f. Es handelt sich um die Übersetzung der 2. Auflage von 1778.

72 Basilius Valentinus, TriumphWagen Antimonii 1604, zitiert nach Hermann Kopp, Geschichte der Chemie. Braunschweig 1845. Band 3, S. 304.

73 Ellinor Drösser, Die technische Entwicklung der Schwefelsäurefabrikation und ihre volkswirtschaftliche Bedeutung. Leipzig 1908, S. 15.

74 John Page, Receipts for Preparing and Compounding the Principal Medicines made Use of By the late Mr Ward. London 1763, S. 15.

75 Dictionary of National Biography 1895–1900, Vol. 49.

76 U.a. Auguste Anastasi, Nicolas Leblanc, sa vie, ses travaux, et l'histoire de la soude artificielle. Paris 1884 / Charles C. Gillispie, The Discovery of the Leblanc Process. Isis, Vol. 48, No. 2 (June, 1957, pp. 152–170.

77 Lelièvre, Pelletier, Darcet, A. Giroud, Rapport sur les divers moyens d'extraire avec avantage le sel de soude du sel marin. Journal de Physique, de Chimie, d'Histoire Naturelle, et des Arts. Tome second, Juillet – Août 1794. S. 118 ff.

78 Benjamin Scholz, Über das Glaswesen und seine Vervollkommnung in den neuesten Zeiten, vorzüglich in der österreichischen Monarchie. Jahrbücher des kaiserlich königlichen polytechnischen Institutes in Wien. 2. Band 1820, S. 189 f.

79 Xavier Daumalin a. a. O., S. 4.

80 Jacques-François Demachy, Laborant im Großen oder die Kunst die chemischen Produkte fabrikmäßig zu verfertigen. Leipzig 1784. Das französische Orginal mit stark abweichendem Titel: L'art du distillateur d'eaux-fortes etc. erschien 1773.

81 Demachy, a. a. O., S. 148.

82 Demachy, a. a. O., S. 162.

83 Charles Tennant, Patent vom 23.1.1798. The Repertory of Arts and Manufactures. Vol. IX. London 1798. S. 303.

84 Justus von Liebig, Johann Christian Poggendorff, Friedrich Wöhler, Handwörterbuch der reinen und angewandten Chemie, Band I. Braunschweig 1842, S. 863 f.

85 Grace's Guide to British Industrial History / Great Industries of Great Britain. London, Paris, New York 1883. James G. Bertram, The Saint Rollox Chemical Works, Glasgow. S. 296 f.

86 Georg Ernst Stahl, Ausführliche Betrachtung und zulänglicher Beweiß von den Saltzen / daß dieselbe aus einer zarten Erde / Mit Wasser innig verbunden, bestehen. Halle 1723.

87 Étienne François Geoffroy, Observation sur le Vitriol, et sur le Fer. Mémoires de l'Académie des Sciences 1713, S. 170–188

88 Claude-Joseph Geoffroy, Examen des différentes Vitriols, avec quelques Essais sur la formation artificielle de Vitriol blanc & de l'Alun. Mémoires de l'Académie des Sciences 1728, S. 301–310.

Der Autor

Helmut Veil, geb. 1943, war Allgemeinarzt in Frankfurt am Main und beschäftigt sich seit Jahrzehnten mit der Geschichte der Naturwissenschaften. Er untersucht die kulturellen und ideellen Voraussetzungen epochaler Gärungsprozesse der Naturerkenntnis, in denen sich festgefügte Erklärungsmuster zersetzen und neue noch nicht etabliert haben.

Bisher erschienen

Von der Meteorologie der Sphären zum irdischen Vakuum. Wissenschaft und Religion im Barock. Ein intellektuelles Milieu – wiederbelebt aus Erasmus Franciscis Diskurs über die Luft · 2009 · ISBN 978-3-934157-99-6 · Hardcover · 384 Seiten · 51 Abbildungen · Buchausgabe 42,– Euro E-Book (PDF) 28,80 Euro

Geistesblitz und kühne Vermutung. Eine historische Studie zur Spekulation in den Naturwissenschaften – Ptolemäus, Cusanus, Fracastorius, Stahl, Yukawa 2010 · ISBN 978-3-941743-08-3 · Broschiert · 120 Seiten, 18 Abbildungen · Buchausgabe 19,80 Euro · E-Book (PDF) 13,80 Euro

Mitten im Umsturz Europas. Der Geologe und Revolutionär Faujas de Saint-Fond (1741 bis 1819) · 2012 · ISBN 978-3-941743-27-4 · Broschiert · 244 Seiten · 25 Abbildungen · Buchausgabe 24,80 Euro · E-Book (PDF) 16,80 Euro

Aeronautiker zwischen Ballon und Vogelflug. Szenen aus der Kulturgeschichte des Fliegens · 2014 · ISBN 978-3-941743-41-0 · Hardcover · 156 Seiten · 43 Abbildungen · Buchausgabe 24,80 Euro · E-Book (PDF) 16,80 Euro

Praktiker neuzeitlicher Wissenschaften im Mittelalter. Navigatoren, Rechenmeister, Ärzte, Falkner, Künstler · 2015 · ISBN 978-3-941743-51-9 ·132 Seiten 37 Abbildungen · Buchausgabe 24,80 Euro · E-Book (PDF) 16,80 Euro